기후변화와 화석연료

에듀컨텐츠·휴피아
CH Educontents Huepia

머리말

우리 모두가 알다시피 인류는 현재 기후변화라는 심각한 도전에 직면하고 있다. 그리고 지구온난화가 기후변화의 주요 원인이라는 것과, 그 원인은 과도한 화석연료의 사용이라는 점에 대해서는 모두가 인식하고 있는 것이 사실이다. 따라서 미래에 예상되는 기후변화의 부정적 결과를 예방하기 위해서는 화석연료의 사용을 금지하거나 극단적으로 사용을 줄이면 될 것처럼 보이나 기후변화의 해결책이 그렇게 간단하지만은 않다는데 문제가 있다. 지구라는 생태계는 우리의 생각만큼 그렇게 단순하지도 않고, 우리의 삶과 연결된 화석연료 또한 단지 지구온난화의 차원에서만 생각할 문제는 아니라는 것이다. 우리가 얼마나 화석연료에 의존하고 있는지, 그리고 그것이 가난한 나라에게는 빈곤에서 벗어나는데 얼마나 필요한 자원인지를 알게 되면, 우리의 관점이 조금은 달라지게 될 것이다.

따라서 기후변화에 대해 좀 더 깊게 연구할수록, 그리고 지구온난화와 화석연료에 대한 현실을 좀 더 이해할수록 기후변화와 화석연료에 대한 우리의 생각은 달라질 것이다.

이 책에서는 기후변화와 지구온난화, 그리고 화석연료에 대한 과학적이고 합리적인 설명과 더불어 기후변화의 대안으로 떠오르는 신재생에너지의 장점과 단점을 살펴볼 것이다. 결론적으로 기후변화가 정치적인 문제나 경제적인 문제라기보다는 과학과 공학의 문제이며, 극단적인 기후변화를 저지할 수 있는 방안은 공학자의 창의적이고 합리적인 해결책에 의존해야 된다는 사실을 통감하게 될 것이다.

공학자의 소명은 인류의 삶의 질을 향상시키는데 있다.
지금부터 기후변화의 완화라는 목표를 달성하려는 공학자들의 노력은 힘겨운 도전이 되겠지만, 과거의 역사에서 알 수 있듯이 우리 공학자들은 어려운 도전에 대한 해법을 반드시 찾아낼 것이다. 효율 높은 신재생에너지의 개발, 효율적 에너지 절약 시스템, 안전하고 효율적인 원자력 발전, 이산화탄소 저장 및 활용, 에너지저장 시스템, 수소에너지 활용, 마지막으로 지구공학 등등 그것이 무엇이든 간에 우리는 기후변화의 해결책을 찾을 것이고, 그것은 또한 공학자의 책임이고 의무이기도 하다.

이제 21세기에 주어진 기후변화라는 새로운 도전에 공학자들이 대응할 시간이다. 위기는 기회라는 말이 있다. 우리 공학자들은 기후변화라는 위기를 새로운 공학의 창의적이고 혁신적인 아이디어의 실천 기회로 바꾸어야 한다. 이것이 공학의 실존적 목표를 달성하는 것이고, 공학자로서의 자부심을 갖게 하는 일이다.

2024년 12월
공저자 한귀영, 채희엽

목 차

머리말 ·· iii

1장. 지구온난화 ·· 3
  1-1. 지구온난화의 의미 ·· 3
  1-2. 지구온난화의 과학적 사실 ···························· 8
  1-3. 지구온난화의 미래 ······································ 14

2장. 기후변화 ·· 21
  2-1. 기후변화의 의미 ·· 24
  2-2. 기후변화의 복잡성 ······································ 29
  2-3. 이산화탄소가 지구생태계에 미치는 영향 ········ 38
  2-4. 기후변화에 영향을 주는 다른 요인들 ············ 45
  2-5. 기후변화의 결과 ·· 54

3장. 화석연료와 기후변화 ································ 61
  3-1. 화석연료와 인류 ·· 61
  3-2. 화석연료와 이산화탄소 배출 ························ 65

4장. 결론 ·· 95

에듀컨텐츠·휴피아
CH Educontents Huepia

기후변화와 화석연료

한귀영 · 채희엽 공저

에듀컨텐츠·휴피아
CH Educontents Huepia

1장 지구온난화

1-1. 지구온난화의 의미

 지구온난화는 신문, 방송, 책, 그리고 다양한 매체를 통해서 접해본 용어이기 때문에 지구온난화의 대략적인 내용, 즉 '지구의 지표면 온도가 점점 올라가고, 그래서 날씨가 점점 더워지고 있다'는 것을 모르는 사람은 없을 것이다. 그런데 이러한 지구의 온도 상승에 대하여 매우 우려하고 걱정하는 사람들이 있는 반면에, 기껏 200년 동안 지구의 평균온도가 1.2~1.4℃ 정도 상승한 것이 무슨 큰일이냐고 이야기하는 사람도 있다. 이렇게 지구온난화에 대해서는 여러 의견이 있으며, 우리나라처럼 하루에도 온도차가 10℃ 이상 차이를 보이는 날씨를 자주 겪고 있는 우리로서는 지구의 온도 상승에 대한 혼란된 인식을 갖고 있는 것이 당연할지도 모른다. 우리는 매일매일의 날씨에는 민감하지만 오랫동안 축적된 날씨의 평균값인 기후에는 둔감하기 때문이다.

 우선 지구온난화와 관련하여 중요한 용어인 지구의 평균 온도, 그리고 기후와 날씨에 대한 정확한 정의를 살펴보고자 한다.

❖ 기후변화와 화석연료 ❖

　날씨(weather)는 우리가 특정한 하루를 보내면서 겪는 기상 현상이다. 우리는 뉴스를 통해 매일 기상정보를 접한다. 즉 비가 오거나, 강풍이 불거나, 습하거나, 건조하거나, 춥거나, 덥거나를 느끼듯이 우리가 직관적으로 체감하는 우리 주변의 물리적 상태이다. 이런 기상정보는 몇몇 특정한 산업에는 매우 큰 영향을 주기 때문에 기상정보는 우리에게 점점 더 중요한 정보가 된다. 기상 예보가 맞지 않아서 하루 일정을 망친 기억은 누구에게나 있는 경험이겠지만, 우리에게 날씨는 하루 일상을 망치는 것 이상으로 매우 중요한 환경 조건이다. 흔히들 날씨는 변덕이 심하다고 이야기하듯이 날씨는 주변의 물리적 상황에 민감하게 변한다. 중국에서 나비의 날갯짓이 미국 캘리포니아 지역에 폭풍을 불러올 수도 있다는 이야기를 들어본 적이 있을 것이다. 물론 나비가 날갯짓을 할 때마다 먼 지역에서 폭풍이 발생하지는 않겠지만 그럴 상황이 벌어질 수도 있다는 것이다. 이런 맥락에서 정확한 날씨 예측은 어려울 수밖에 없다. 따라서 너무 기상청만 탓할 일은 아니다. 하지만 기후(climate)는 주변의 물리적 상황에 따라 변화하는 매일의 날씨가 아니라 특정 지역 날씨의 오래된 측정치의 평균값이기 때문에 매우 정확하게 예측이 가능하다. 그래서 매일의 날씨와 달리 특정 지역의 기후를 큰 오차 없이 예측할 수 있는 것이다. 예를 들면 연평균 강수량, 여름철 강수량, 월별 평균 온도, 태풍의 개수 등과 같은 기상 예보는 큰 오차 없이 예측이 가능하다는 것이다. 앞서 기후는 날씨의 평균값이라고 했다. 그래서 우리는 특정한 기상 자료들을 바탕으로 어떤 지역의 기후를 열대기후, 온대 기후, 한대 기후 등으로 표현할 수 있는 것이다. 이런 이유로 날씨는 며칠 전에도 예측이 어려운 반면 기후는 몇 년 전에도 예측이 가능한 것이다.

　지구의 다양한 기후 분포는 1884년 독일의 기후학자 쾨펜이 기온, 강수량, 강수의 계절성을 고려하여 처음 발표하였고 뒤에 여러 기상학자들에 의해 다소 수정이 되었다. 어쨌든 현재 전 세계가 공식적으로 동의하는 기후분포는 열대기후, 건조기

1장. 지구온난화

후, 온대기후, 냉대기후, 그리고 한대기후이다. 즉 이런 기후분포가 가능한 이유는 앞서 이야기했듯이 오랜 기간 축적된 기상자료를 평균하여 얻을 수 있기 때문이다. 그래서 건조기후 지역에도 가끔 비가 올 수는 있지만 오랜 기간 측정해 보면 강수량이 매우 적은 지역이라는 것을 예측할 수 있다는 것이다.

이제 날씨와 기후에 대한 대략적인 차이는 이해를 했을 것이니 지구온난화 이야기를 본격적으로 해보자. 오래전부터 인류는 지구의 온도(앞으로 언급되는 온도는 특정한 설명이 없으면 지표면의 온도를 의미한다)를 여러 가지 이유로 측정을 해왔다. 특히 온도는 강수량과 함께 농사와 직접적으로 관계되기 때문에 매우 중요한 기상자료로 사용되어져왔다. 그런데 최근 들어 지구의 평균온도가 급속하게 상승하는 것으로 나타나면서 과학자들이 원인을 찾기 시작하였다. 마침내 과학자들은 산업혁명이 시작된 1800년대 이후로 온도 상승이 급속하게 이루어졌고, 그 이유는 산업혁명 이후로 폭발적으로 증가한 화석연료의 사용이라는 것을 알아낸 것이다. 정확히 이야기하면, 화석연료를 연소할 때 대기로 방출되는 이산화탄소가 그 원인이라는 것이다. 그런데 지구의 온도변화를 이야기할 때는 한 지역에서 실제 측정된 온도 상승(15℃에서 18℃로 온도가 올라갔다)이 아니라 특정한 시점의 평균온도(예를 들면 1950년, 1850년 등등)를 기준 온도로 정하고, 기준 온도에 대비해서 최근 온도변화를 살펴보는 방식을 주로 취한다. 즉 기준 년도 대비 현재의 온도 상승을 비교해 보는 것이다. 그래서 우리가 다양한 온라인 사이트에서 볼 수 있는 지구의 온도 변화 그래프는 주로 과거와 대비한 온도변화만을 보여주는 그래프가 대다수인 것이다. 즉 현재 지구의 온도를 이야기하지는 않는다는 것이다.

지구온난화와 관련하여 과거의 특정한 기준 년도의 지구 온도에 대비하여 지금 시점에서 얼마나 온도가 상승했는가를 보여주는 '온도 변화' 값을 중요하게 여기는

❖ 기후변화와 화석연료 ❖

이유는 온도를 측정하는 온도계의 정확성이 모두 다르기 때문이다. 우리가 잘 아는 모든 측정기기(온도계, 압력계, 체중계, 습도계 등등)는 오차범위를 가지고 있다. 그래서 실제로 측정하는 온도계의 오차로 인하여 아주 작은 온도 측정값이 오차범위에 들 수 있기 때문이다. 이런 문제를 해결하기 위한 보다 과학적이고 합리적인 방법은 특정한 지역에서 한 가지 온도계만을 계속 사용해서 '온도변화'만 측정하게 되면 온도계 자체의 오차는 무시할 수가 있게 되는 것이다. 이런 방법으로 우리는 보다 정확하게 지구의 온도 변화를 알 수 있게 되는 것이다.

좀 더 쉽게 설명하면, 여러분이 체중을 잴 때 목욕탕, 헬스장, 그리고 집에서 체중을 재면 각 장소마다 다른 체중계로 몸무게를 측정하기 때문에 모두 다른 값이 나오고 자신의 체중이 늘었는지 줄었는지 애매한 경우가 있을 것이다. 이럴 때 가장 과학적인 방법은 한 가지 체중계만을 가지고 꾸준히 측정을 하면 자신의 체중 변화를 정확히 알 수 있는 것과 같은 이치이다. 이 경우에 자신의 절대적인 체중은 오차가 있을 수 있지만, 체중의 변화는 오차가 없기 때문이다. 이런 방식을 통해서 우리는 지구의 온도가 어떤 방향으로 변화해 왔는지를 잘 알 수 있게 되는 것이다. 그런데 현재 지구의 온도변화가 심각하다고 생각되는 이유는, 과학자들이 과거의 온도변화 자료를 수십만 년 내지는 수천만 년 전까지 확장해 살펴보았을 때, 최근 지구 온도변화의 패턴이 과거의 온도변화 패턴과는 다르다는 것을 발견했기 때문이다.

우리는 흔히 지구의 평균 지표면 온도는 매우 일정하게 유지되는 것으로 알고 있을 것이다. 그래서 최근에 지구의 온도가 1~1.2℃ 정도 상승했다는 사실에서 지구가 매우 비정상적인 상태로 진입하는 것이 아닌가 걱정될 수도 있을 것이다. 하지만 지구의 온도는 과거 수십만 년 동안 계속적으로 변화해 왔다. 인생무상, 즉 인생은 한결같지 않다는 것처럼, 모든 물질은 시간에 따라 성질이 변한다. 인간의 몸과 정신도 시간에 따라 변하고, 지구의 온도 또한 예외가 아니다. 지구도 주기적으로 온탕과 냉

1장. 지구온난화

탕을 반복한다. 다만 그런 주기가 수십만 년으로 대단히 길다는 것뿐이다. 그래서 고작 100년을 사는 우리는 지구의 이런 기나긴 주기적 변화를 전혀 경험할 수가 없다. 우리는 빙하기, 간빙기라는 용어를 알고 있다. 빙하기는 지구의 많은 지역의 얼음 층이 확장되는 시기이며, 당연히 온도가 매우 낮은 시기이다. 대략적으로 말해서 지구의 온도가 평균온도에서 -6℃ 이상 온도가 떨어지는 시기를 말한다. 그리고 간빙기는 이런 빙하기가 주기적으로 찾아오는 사이의 기간을 말하며 온도가 상대적으로 따듯한 시기를 말한다. 지질학적 시간으로 볼 때 현재 인류는 간빙기 시대를 살고 있다고 전문가들은 말한다. 이런 정보를 통해서 지구 온도는 항상 일정한 것이 아니고 지속적으로, 그리고 주기적으로 변화한다는 것을 알 수 있다. 그럼에도 불구하고 과학자들은 왜 지금의 온도 상승을 우려하고, 그 원인을 찾고자 할까? 그 이유는 과거 지구의 온도변화는 대략 몇 십만 년의 주기로 서서히 변화를 했는데, 지금은 고작 200년 만에 온도가 1.2℃나 상승했기 때문이다. 다시 말해서 지구의 온도 상승 속도가 과거의 지질학적 시간으로 볼 때 너무 급속하게 진행이 됐다는 것이다. 그래서 최근의 온도 상승이 지구환경의 자연적인 변화 이외의 인위적인 변화에 의한 것이 아닌가 하는 의문에서 출발한 것이다. 이제 우리는 과학자들이 최근의 지구 온도 상승에 대해 왜 심각한 우려를 나타내고 있는지를 분명하게 이해했을 것이다.

여기서 한 가지 우리가 자주 사용하는 기온과 온도에 대하여 설명하고자 한다. 우선 기온은 말 그대로 우리를 둘러싼 공기의 온도를 말한다(기체의 온도 → 기온). 한편 온도는 일반적으로 어떤 물체의 뜨겁고 차가운 정도를 의미한다. 그래서 우리가 관심 있는 물체가 열이나 에너지 측면에서 어떤 상태인지를 숫자로 표현한 것이다. 좀 더 전문적인 열역학적인 표현을 쓰면 두 물체간의 열의 흐름의 방향을 알려주는 지표라고 말할 수 있다. 왜냐하면 열은 반드시 높은 온도의 물체에서 낮은 온도의 물체로 전도, 대류, 복사의 방식으로 흐르기 때문이다. 그래서 특정한 물체의 온도를 알게 되면 그 물체가 주위와 어떤 열 교환을 하게 될지(열을 받을지, 열을 빼앗길지) 알 수 있기 때문이다. 그래서 이 책에서는 기온대신 온도를 사용할 것이다. 왜냐하면 지구의 평균온도에는 해양, 땅도 포함되기 때문에 대기온도를 의미하는 '기온'보다는 '온도'가 보다 적절하게 지구의 차갑고 뜨거운 정도를 알려준다고 말할 수 있기 때문이다.

1-2. 지구온난화의 과학적 사실

기후변화의 출발점이 되는 지구온난화에 대하여 알아보자. 지구의 온도를 결정하는 것은 태양에서 오는 복사에너지와 지구가 외부로 방출하는 지구복사 에너지와의 균형점이다. 앞서 온도를 설명할 때 온도는 열의 흐름의 방향을 보여주는 지표라고 했다. 그래서 지구가 태양을 바라보는 낮 시간은 태양의 온도가 지구의 온도보다 높기 때문에 높은 온도의 태양에서 낮은 온도의 지구로 열을 전달하게 될 것이다. 그리고 앞서 열의 전달 방식은 전도, 대류, 그리고 복사가 있다고 했다. 지구와 태양사이에는 열을 전달하는 매질이 없으므로 전도와 대류에 의한 열전달은 없다. 따라서 태양에서 지구로 전달되는 열은 당연히 태양의 표면에서 방출되는 복사에 의한 열이다. 그래서 우리가 잘 아는 복사열전달 방식에 대입하면 지구가 태양으로부터 받는 복사열의 크기를 계산할 수 있다. 한편 지구의 반은 태양을 보지 않는 밤 시간이기에 이때는 지구의 온도가 주위에 보이는 다른 행성보다 온도가 높기 때문에 지구는 외부의 행성으로 복사열전달을 하게 된다. 즉 지구는 낮에는 태양으로부터 복사열을 받고, 밤에는 외부의 행성으로 복사열을 방출한다. 이런 복사열을 주고받는 과정이 어느 정도 평형에 이르면서 지구의 온도가 결정되는 것이다. 따라서 태양 복사열을 많이 받을수록 지구의 온도는 올라갈 것이고, 다른 한편으로는 지구에서 방출되는 복사열이 많을수록 지구의 온도는 낮아질 것이다. 그런데 태양으로부터 받는 복사에너지는 파장이 짧은 자외선과 가시광선이 대부분이며, 지구가 방출하는 복사에너지는 파장이 긴 원적외선이 대부분이다. 따라서 태양이 방출하는 복사에너지와 지구가 방출하는 복사에너지는 파장의 영역대가 다르기 때문에 다른 형태의 복사에너지라는 것을 이해해야 한다. 그리하여 과학자들이 이런 복사에너지를 계산하는 방정식으로부터 지구의 평균온도를 계산했는데, 그 결과는 놀랍게도 -16℃였다! 이것은 당연히 실제 지구의 평균온도인 15℃보다 매우 낮은 온도였다. 따라서 이론적으로 계산된 지구 온도와 실제 측정된 지구의 평균 온도간의 차이가 생긴 것이다. 방정식에서 계산된 예측 온도와 지구의 실측 온도와의 차이를 설명하기 위해서 과학자들은 지구가 외부로 방출하는 복사에너지의 일부가 대기권에서 흡수되어 다시 지구로 복사되기 때문이라고 추측했다. 그래야만 지구의 실제온도를 설명할 수 있다. 지구가 다른 행성(지구는 금성보다는 춥고, 화성보다는 덥다)과 달리 식물이 자라고 인간이 생활하기에 쾌적한 온도를 가지는 이유는 지구 대기권에 존재하는 온실가스 때문이다. 즉 이산화탄소로 대표되는 이런 온실가스가 대기권에 존재하면서 지구가 우주로 방출하는 복사 에너지의 일부를 흡수하여 다시 지구로 복사하기 때문이다. 그래서 과학자들은 지구가 우주로 방출하는 복사에너지의 이론적인 값보다 적은 복사에너지가 우주로 방출되면서 대기에 이산화탄소가 없다는 가정에서 계산한 지구 평균 온도보다 실제로 지구는 높은 온도를 갖는다는 것을 밝혀낸 것이다.

지구는 자신보다 낮은 온도의 우주 행성으로 복사에너지를 방출하면서 지구의 온도가 낮아지는 효과를 발생하는데, 이때 대기권에 존재하면서 방출되는 지구 복사에너지를 일부 흡수하여 다시 지구로 복사하는 특정한 기체들을 온실가스라고 명명하고, 우리는 이런 온실가스 때문에 지구가 더워지는 현상을 온실효과라고 이름 붙였다. 즉 이산화탄소 같은 기체가 지구복사에너지의 일부를 흡수하기 때문에 발생하

❖ 기후변화와 화석연료 ❖

는 온실효과 덕분에 지구의 온도가 이론적인 온도인 -16℃가 아니라 인간과 생물이 살기 적합한 15℃가 된 것이다. 우리가 온실에 가보면 겨울에도 꽃들이 피어있고, 기온이 따듯함을 느끼는데 그 이유는 온실을 덮고 있는 유리가 추운 겨울에 온실에서 외부로 방출하는 복사에너지를 나가지 못하고 붙잡고, 외부와의 대류 열전달 손실을 최소화하고 있기 때문이다. 같은 이유로 지구에서 방출되는 복사에너지의 일부가 특정 기체에 흡수되어 지구 외부로 방출이 되지 못하고 다시 지구를 덥게 만드는 현상이 마치 온실의 역할과 유사하다고 하여 온실효과라고 명명한 것이다. 즉 지구를 덮고 있는 온실을 상상하면 온실효과는 어렵지 않게 이해가 되는 것이다.

우리는 이산화탄소 덕분에 모든 생물이 존재하고, 지구상의 모든 생태계를 구성하는 생명체가 살아갈 수 있는 필수조건인 물을 가질 수 있었다. 왜냐하면 지구의 평균온도가 15℃ 정도이기 때문에 물이 얼지 않고 액체 상태로 존재할 수 있는 것이다. 우리가 살고 있는 지구의 환경 조건이 이렇게 생물들이 살기에 적합한 곳이니 우리는 대기권에 존재하는 이산화탄소의 존재에 감사해야 한다. 푸른 들, 녹음의 숲, 생동감 넘치는 산과 강이 만들어내는 아름답고, 경이로운 자연풍경은 바로 이산화탄소 때문에 가능한 것이다.

그리고 지구상의 대부분의 나라 사람들이 살기 쾌적한 온도로 유지되고 있는 것도 온실효과를 가져오는 온실가스 덕분이다. 그러면 이런 온실가스에는 어떤 것이 있을까? 가장 대표적인 것이 바로 수증기이다. 수증기가 온실가스라고? 그렇다. 수증기는 가장 대표적인 온실가스이다. 하지만 대기에서 수증기의 양이 증가한다고 하여 걱정할 필요는 없다. 물론 수증기의 양이 증가하면 대기권의 온실가스가 증가한 것이기 때문에 온실효과가 더욱 커질 것이고, 그러면 과학자들 말대로 지구의 온도가 올라가야 한다. 그러나 잘 알다시피 수증기는 대기에서 비나 눈으로 변하여 다시 지표면으로 떨어지기 때문에 대기에서 수증기의 양은 거의 일정하다고 할 수 있다. 즉 수증기는 대기에서 물 또는 눈으로 변해서 지표면에 떨어지고, 지표면에서 다시 수

1장. 지구온난화

증기로 변해서 대기로 올라가는 순환과정이 존재하기 때문에 대기에서 수증기의 양의 거의 일정하다고 할 수 있다. 그래서 우리는 대기에서 수증기의 양(수증기의 농도)에 대해서는 걱정하지 않는다. 문제가 되는 것은 수증기처럼 순환이 되지 않고 대기권에서 축적이 되는 온실가스인 것이다. 이런 대표적인 온실가스가 바로 이산화탄소인 것이다. 그래서 과학자들이 지구온난화를 이야기할 때 반드시 언급하는 것이 이산화탄소인 것이다. 그런데 앞에서는 이산화탄소의 존재를 감사해야 한다고 말하더니 이산화탄소가 갑자기 기후변화를 가져오는 악당으로 돌변된 이유는 무엇인가? 그것은 과거 적당한 양의 이산화탄소가 우리 생활에 알맞게 지구온도를 만들어주었지만, 1,800년대 산업혁명 이후 이산화탄소의 농도가 급격하게 증가하면서 우리가 누려왔던 쾌적한 지구 기후환경이 점점 더워지는 기후로 변할 것이라는 우려 때문이다.

한편 이산화탄소 말고도 온실효과를 가져오는 기체가 몇 가지 더 있는데 대표적으로 메탄가스, 염화불소이다. 그럼에도 불구하고 과학자들이 이산화탄소 절감에만 집중하는 이유는 이산화탄소가 다른 온실가스와 달리 대기권에 머무는 시간이 매우 길기 때문이다. 대기권에 존재하는 온실 가스는 우주에서 지구로 복사되는 다양한 우주선과 태양 복사에 의하여 분해되거나 다른 물질로 변하는데, 유독 이산화탄소만 매우 안정하게 대기권에 머문다는 것이다. 이산화탄소를 제외한 온실가스 중에서 지구온난화에 큰 영향을 주는 것으로 알려진 메탄가스의 경우 대기권에서의 잔존 수명이 몇 개월에서 몇 년인데 비하여 이산화탄소의 수명은 약 200~300년 정도로 알려져 있다. 즉 이산화탄소는 대기권에서 오랜 시간 안정한 상태로 머물면서 온실효과를 유발하기 때문에 지구온난화를 막기 위해서는 가장 오랜 시간 대기권에 존재하고 있는 이산화탄소를 대기권으로 방출이 되지 않게 막아야 한다는 것이다. 그것이 과학자들이 지구온난화를 막기 위하여 이산화탄소 절감에 집중하는 이유이다.

❖ **기후변화와 화석연료** ❖

    이산화탄소에 의한 온실효과에 대해 조금 다른 예를 들어보자. 우리는 겨울철에 담요를 덮고 자면 따듯함을 느낀다. 그것은 담요가 우리에게 열을 주는 것이 아니라, 우리 몸에서 차가운 외부로 방출되는 열을 잡아주기 때문이라는 것을 잘 알 것이다. 같은 이유로 이산화탄소가 마치 지구를 덮고 있는 담요 역할을 하기 때문에 지구가 따스함을 느끼는 것이다. 그러니 대기의 이산화탄소의 농도가 증가한다는 것은 지구를 둘러싼 담요의 두께가 점점 더 두껍게 되는 것과 같은 논리로 지구는 점점 더 따듯하게 된다는 것이다. 이제 대기권에 존재하는 이산화탄소의 농도를 담요의 두께라고 생각하면 이산화탄소에 의한 온실효과는 좀 더 잘 이해가 될 것이다.

    이제 과학자들이 설명한 대로 이산화탄소가 지구온난화를 가져오는 중요한 요인임은 분명해졌고, 이제는 이산화탄소가 어느 정도 지구온난화에 영향을 주는지를 과학적으로 규명해 보자.

    우선 가장 대표적으로 지구온난화의 증거로 사용되는 자료를 하나 소개하고자 한다. 미국 하와이의 스크립스 해양 연구소의 과학자였던 찰스 데이비드 킬링 박사는 1958년부터 하와이 마우나 로아 산 정상에 설치된 측정소에서 이산화탄소 농도를 지속적으로 측정해 왔다. 사실 이산화탄소가 온실효과를 가져오는 대표적인 온실가스이고, 이것이 지구온난화의 주범일 것이라는 과학적 예측은 과거 여러 과학자들이 주장해 왔기 때문에 지구 곳곳의 많은 과학자들이 특정한 지역에서 이산화탄소 농도를 지속적으로 측정해 왔다. 그런데 킬링 박사의 이산화탄소 농도 측정 자료가 가장 큰 신뢰를 얻게 된 이유는 하와이의 높은 산에서 측정을 하였고, 그곳이 고립된 섬이라 외부 환경의 영향을 덜 받기 때문에 지구 대기의 상태를 대표적으로 나타낸다고 믿었기 때문이다. 그래서 킬링 박사가 측정한 이산화탄소의 농도 변화 그래프를 '킬링 곡선'이라고 부르며, 지구의 온도 상승과 이산화탄소와의 상관관계를 보여주는

1장. 지구온난화

대표적인 증거로 사용이 되어왔다. 여러 책에서 인용된 '킬링 곡선'을 살펴보면 1950년 후반 이산화탄소 농도는 280ppm이었는데, 2020년에는 410ppm이 되었다. 과거 산업혁명 이후의 이산화탄소의 농도를 추정한 자료를 살펴보면 200년 전에도 이산화탄소의 농도는 대략 280ppm 정도였다. 따라서 '킬링 곡선'은 최근에 들어서 이산화탄소의 농도가 꾸준히 증가한 것을 우리에게 알려주었다. 그리고 이런 이산화탄소 농도 증가의 원인으로 최근의 급격한 화석연료 사용이 주범으로 지목이 된 것이다. 여기서 잠시 대기권의 이산화탄소의 농도에 대하여 알아보자. 우리 지구를 둘러싼 대기권의 조성을 보면 질소가 78%, 산소가 21%, 그리고 아르곤이 0.9%이다. 나머지는 이산화탄소, 수증기, 헬륨, 네온 등으로 미량이다. 이산화탄소의 농도가 400ppm이라는 것은 대기 중에서 차지하는 비중이 0.04% 정도라는 것이다. 즉 대기권에서 이산화탄소 농도는 200년 동안 0.028%에서 0.041%로 증가한 것이다. 겨우 0.013% 증가한 것이다. 그럼에도 불구하고 이런 작은 농도 변화로 지구의 평균 온도가 1~1.2℃ 증가했다고 하니, 이산화탄소의 온실효과의 영향을 짐작할 수 있다. 하지만 지금의 지구 온도 상승이 오로지 이산화탄소의 농도 증가 때문이라는 주장에 대해서는 여러 반론과 반증 또한 존재한다. 따라서 여기서는 대기권에서 이산화탄소 농도가 매우 미미함에도 불구하고 지구온난화에 미치는 영향이 크다는 정도로만 이해하기로 하자.

이산화탄소 농도와 관련하여 조금 과학적인 내용을 살펴보면, 그렇게 낮은 대기권의 이산화탄소 농도를 어떻게 정확하게 측정한 것일까? 하는 의문이 들것이다. 일반적으로 낮은 농도의 물질의 양을 측정하는 것은 우리가 쉽게 측정하는 온도나 체중, 습도와는 다른 차원의 일이다. 여기서 이산화탄소 농도 측정에 대한 구체적인 설명은 생략한다. 다만 측정하는 장치의 오차 때문에 과학자들은 반복적이고 지루한 과정을 거쳐 기초 자료를 얻고(분광 자료, pH 등등) 이것을 다른 값으로 변환하여 정교한 계산식으로부터 우리가 필요로 하는 이산화탄소 농도를 얻게 되는 것이다. 낮은 농도의 이산화탄소의 양을 측정하는 것이 그렇게 쉬운 일이 아니라는 것이다. 또한 과학자들은 대기의 이산화탄소뿐만 아니라 바다에 녹아있는 이산화탄소의 농도 또한 측정한다. 대기권의 이산화탄소 농도와 해양에 녹아있는 이산화탄소는 매우 밀접한 관계를 가지고 있기 때문에 해양의 이산화탄소 농도 또한 지구온난화와 기후변화에 중요한 변수가 된다. 해양의 이산화탄소 농도는 거친 바다 한가운데서 고되고 반복적인 작업을 통하여 얻어진다. 여기서 한 가지 알아야 할 것은 대기이든 해양이든 이산화탄소의 농도는 지역적 편차, 그리고 시료의 채취과정에서 오차가 있기 때문에 측정과정에서 어느 정도의 불확실성이 존재한다는 점은 염두에 두어야 한다. 그럼에도 불구하고 과학 자료의 그래프나 표에서 표시되는 한 점의 데이터는 많은 시간과, 노력, 그리고 집중력을 발휘한 과학자들의 노력과 신념의 결과물인 것임을 기억해야 한다.

1-3. 지구온난화의 미래

우리나라는 매년 봄이 되면 중국에서 날아오는 황사로 곤욕을 치른다. 오래전부터 발생한 일이지만 아직 해결할 방법이 없는 골치 아픈 숙제이다. 아직까지 중국에서 날아오는 황사를 막는 확실한 방법은 없다. 대기를 타고 오는 물질이므로 중국에서 문제를 해결하는 수밖에는 없다. 황사의 원인이 되는 중국 내몽고 지역의 건조하고 사막 같은 지역을 산림으로 바꾸는 것이 가장 합리적이고 과학적인 대책으로 보인다. 하지만 이런 방법은 당연히 시간이 많이 필요하다. 지구온난화 또한 이와 유사한 문제이다. 이산화탄소는 한 나라에서 대기로 방출이 되면 대기권에 축적되면서 전 세계에 영향을 미친다. 따라서 이산화탄소 방출은 전 세계적인 문제가 되고, 몇

1장. 지구온난화

나라만의 노력으로 해결이 되는 것이 아니다. 황사처럼 우리와 중국만의 국지적인 문제가 아니라는 점이다. 이산화탄소 배출은 전 지구적인 문제이기 때문에 전 세계적으로 이런 문제를 해결하기 위한 국제회의가 개최되고 해결책을 찾는 노력을 하는 것은 당연한 일이다. 하지만 우리가 과거에 많이 보았듯이 국제적인 협력은 자국의 이해관계를 우선적으로 고려하기 때문에 실질적인 성과를 내기는 매우 어렵다. 그럼에도 불구하고 이산화탄소 절감을 위하여 과거에 시도했던 국제적인 노력을 살펴보고, 그 문제점 또한 살펴보기로 하자.

앞서 언급한 이산화탄소 농도 변화를 측정한 '킬링 곡선'과 지구의 평균온도 변화로부터 우리는 대기권의 이산화탄소가 지구온난화를 유발하는 중요한 요인 중의 하나라는 점을 알게 되었다. 즉 인간이 이산화탄소를 지속적으로 대기권에 배출하면 지구의 온도가 그에 상응하여 지속적으로 상승할 것이라는 점은 이제 대부분의 사람도 과학적 사실로 받아들이게 되었다. 전 세계의 과학자들은 과거부터 이산화탄소의 무분별한 배출의 위험성을 경고하였고 많은 국제 학회에서 이런 문제점을 지적해 왔다. 이런 과학자들의 경고로 당연히 이산화탄소 배출 감축을 위한 전 세계적인 노력이 국제적 협약으로 나타나기 시작했다. 이산화탄소 배출 감축에 관한 최초의 국제적 협약은 1997년의 '교토의정서'라고 할 수 있다. 이 회의에서 처음으로 이산화탄소 배출에 따른 지구온난화를 방지하는 것은 몇 나라만의 노력으로 달성되는 것이 아니라는 점을 대부분의 국가가 받아들이면서 이를 위해서는 전 세계적인 노력이 필요하다는 점에 대한 합의가 이루어진 것이다. 이 회의에서는 지구온난화를 가져오는 6가지 온실가스를 선정하고 이 기체들의 배출을 5% 정도 감축하는 것을 목표로 하였다. 하지만 당시 이산화탄소 배출을 많이 하는 대표적인 국가인 미국, 중국, 러시아, 인도, 캐나다가 개발도상국과 선진국간의 차별적인 조항을 문제 삼으면서 합의를 거부하고 협약을 탈퇴함으로서 유명무실한 국제조약이 되어버렸다. 그 후 2009년 덴

❖ **기후변화와 화석연료** ❖

마크 코펜하겐에서 다시 한번 지구온난화 방지를 위한 이산화탄소 배출 감축을 본격적으로 논의하였다. 이 회의에서는 지구의 온도가 산업혁명 시기 전에 비하여 1.5℃ 이상 올라가지 않도록 한다는 구체적인 목표를 제시하고, 목표 달성을 위해서는 대략 현재 배출량 대비 45% 정도 이산화탄소의 배출을 감축해야 한다는 의견이 도출되었다. 그리고 장기적으로는 2.0℃ 이하로 지구의 온도 상승을 막아야 한다는 최종 목표가 채택되었다. 하지만 이산화탄소의 배출량 감축안을 구체적으로 만들면서 개발도상국과 선진국간의 갈등이 다시 수면위로 올라오면서 애매모호한 합의가 이루어졌다. 왜냐하면 인도와 중국 같은 개발도상국들이 지금의 이산화탄소 배출량의 책임은 과거 선진국들의 산업화 과정에서 배출된 것이기 때문에 일차적인 책임은 선진국이 감당해야 한다는 주장을 하면서 협약에 대한 이의를 제기했기 때문이었다. 즉 선진국 자신들은 자국이 발전하는 과정에서 과거 배출한 이산화탄소에 대해서는 책임지는 모습도 없으면서 지금 막 경제발전을 시작하고 있는, 그래서 화석연료를 많이 사용해야만 하는 개발도상국들에게 동등한 이산화탄소 배출에 대한 책임과 의무를 전가하는 것은 합당하지 않다는 의견이었다. 당연히 일리가 있는 말이다. 선진국과 개발도상국간의 이런 문제 인식의 차이, 그리고 해결책의 갈등으로 이산화탄소를 줄이기 위한 실천적, 실효적인 국제협약은 결국 이루어지지 않았고, 각국의 현실인식과 상황파악만을 확인한 셈이 되었다. 그 후 가장 현실적이고 의미 있는 기후협약은 2015년의 파리기후변화 협약이다. 이때는 모든 나라들이 이산화탄소 배출에 대한 지구온난화의 문제점을 분명하게 인식하고, 지구온난화를 막기 위한 전 세계적인 협조와 노력이 필요하다는 점에 모두 동의했기 때문이다. 파리 기후변화 회의에는 195국이 참석하여 그야말로 전 세계적인 지지를 받은 회의였고, 지구의 온도가 산업화 시대와 비교하여 1.5℃ 이하로 억제하는데 목표를 두고 각 나라가 자신들의 상황에 맞는 자율적인 이산화탄소 감축안을 제시하도록 하였다. 당시 문재인 정부는 2030년에는 2017년 대비 이산화탄소를 24% 정도 감축한다고 약속했다. 중국은 2030년에는

1장. 지구온난화

이산화탄소 배출량이 최고점에 도달하도록 한다고 제안했다. 대다수의 유럽국가 또한 2030년에 50~70% 이산화탄소 배출 감축안을 제시했고, 또한 2050년에는 이산화탄소 배출량을 0으로 하겠다는 야심차고 원대한 목표를 제시했다. 어쨌든 자율적인 감축량 제시로 파리기후협약은 오랜만에 전 세계적인 완전한 합의를 보았지만, 1년 뒤 미국에서 트럼프가 대통령으로 당선되면서 미국은 협약 탈퇴를 선언했고, 2021년 새로 들어선 바이든 행정부는 다시 협약에 참여 하였다. 참으로 쉽지 않은 과정이었다. 미국의 이런 모습은 국제협약에서 자국의 이익을 우선한다는 논리를 여실히 보여준 예라고 할 수 있다. 또한 지구온난화가 정치적 문제로 변질되는 예이기도 하다. 그렇다면 국제협약의 완전한 합의라는 성과를 이루고 모든 나라가 자국 국회의 승인을 받아서 시행하고 있는 이산화탄소 감축은 잘 진행이 되고 있을까? 2024년 현재 파리 협약은 잘 이행이 되고 있을까? 전문가들이 예상한 대로 유럽의 몇몇 국가(덴마크, 아이슬란드 등)를 제외하고는 자신들의 감축안대로 이산화탄소의 감축을 이행하는 국가는 없다. 대부분의 국가들은 약간의 이산화탄소 감축이라는 미미한 성과만 내고 있을 뿐이다. 그런데 인도, 중국, 한국은 최근 들어서 이산화탄소 배출량이 오히려 증가하고 있는 실정이다. 세 나라 모두 석탄화력 발전소를 많이 증설한 것이 원인이다. 전기 수요는 증가하는데 천연가스 가격이 오르고, 신재생에너지에 대한 국가 보조금 지급이 어려워지면서 증가하는 전력수요에 맞추기 위해 결국 가장 이산화탄소 배출이 많은 석탄 화력을 선택한 것이다. 전 세계의 대표들이 한 곳에 모여 며칠간의 치열한 토의 끝에 모든 국가들이 어렵게 합의한 내용들이 왜 이행이 되지 않는 걸까? 자율적인 감축방안이라서? 강제적인 조항이 없어서? 지구온난화를 부정하기 때문에?

국제협약에서 자율적인 영역은 자국의 정치적 · 경제적 이유로 지키기가 어렵고, 비록 강제적인 조항이 있다 하더라고 그것의 이행확인이 어렵다. 모든 나라가 민주적이지도 않고, 공개적이지도 않고, 무엇보다도 그들이 제시하는 통계가 정확하지 않을 수 있기 때문이다. 중국, 러시아의 정치를 보면 그게 무슨 뜻인지 이해가 될 것이다. 하지만 보다 근본적인 이유는 바로 화석연료의 사용을 줄이기가 어렵다는 데 있다.

전 세계 인류 중에서 이산화탄소 배출을 적극 장려하여 지구의 온난화와 이에 뒤따르는 기후변화의 불편함을 바라는 사람은 없을 것이다. 비유를 들자면, 살찌는 것이 건강에 치명적이고 삶에서 여러 가지 제약이 있어서 좋은 선택이 아니라는 것을 모르는 사람 또한 없을 것이다. 그럼에도 불구하고 살빼기가 어려운 것처럼 이산화탄소 배출을 감축하는 것이 바람직한 일이라는 것은 알지만 실천은 생각보다 어려운 일이다.

그렇다면 앞으로 지구의 온난화는 불 보듯 뻔한 것이고, 지구의 미래는 온도 상승으로 암울한 상태가 될 것인가? 대부분의 종들이 높은 온도를 견디지 못해 멸종하고, 물 부족으로 식량 생산이 줄어들어 폭동이 일어나고, 해수면이 상승하여 해안가 거주민의 이동으로 인구가 늘어난 내륙 도시는 집, 위생, 보건 문제로 대혼란이 일어날 것인가? 혹독한 날씨는 우리의 사유 재산을 모두 휩쓸어갈 것인가? 과연 이런 모습들이 다가올 지구의 미래 모습일까?

이런 암울하고 자극적인 내용은 방송에서 지나치게 상황을 과장하고, 한두 가지 기상 이변을 확대 해석하는 과정에서 시청률을 높이기 위한 일종의 공포 마케팅 요소도 있다고 생각한다. 이런 과도한 여론몰이에는 그 대가를 치르게 해야 비과학적이고 선동적인 여론조작이 없어질 것이다. 사실 미래를 예측하는 것은 큰 모험이 아니다. 점쟁이들도 미래를 예측하지 않는가? 비록 그 예측이 틀리더라도 그에 합당한 애매한 이유를 몇 가지 가져오면 끝이기 때문이다. 게다가 기후변화와 관련해서는 앞으로 30~50년 후에나 그 예측에 대한 결과가 드러나기 때문에 그런 무책임한 예측을 한 과학자, 학자, 정치인은 이 세상에 존재하고 있지도 않을 것이다. 자신만의 과도한 정치적, 종교적 편견이나 고정 관념을 기후변화와 같은 과학적 분석을 요구하는 것들에 적용하는 것은 바람직하지 않다. 우리가 현재 마주하고 있는 기후변화에는 정치인, 종교인, 경제인보다는 과학자의 분석과 판단, 그리고 공학자의 실제적 실천방안이 무엇보다도 필요하다. 게다가 기후변화를 막는 길은 개인들의 자발적 행동과 공학적 실행이 필요한 것이지 그럴듯한 말이나 거창한 구호가 필요한 것이 아니다.

지구온난화의 전개 과정과 그에 따르는 다양한 기후변화의 모습을 정확히 예측하는 것은 매우 어려운 일이다. 왜냐하면 우리는 지구의 세세한 부분에 대하여 모르는 것이 너무나 많기 때문이다. 우리는 자연을 정복하고, 자연을 조절할 수 있다고 하지만, 실제로 우리는 자연을 잘 안다기보다는 자연에 대하여 단편적인 지식을 지속적으로 쌓아가고 있는 수준이라는 것이 정확한 표현일 것이다. 우리는 자연을 수학 방정식처럼 묘사하고 조절할 수 없다. 우리가 자연과 물질에 대하여 연구를 하면 할수록 우리가 모르는 것이 너무 많다는 것을 알게 된다. 우리가 아직 모르는 것이 너무 많다는 것은 과거부터 인간이 추구한 자연과 물질에 대한 연구의 역사에서 우리가 경험적으로 겪고 있는 사실이다. 우리는 아직 물질을 이루고 있는 가장 기본적인 구성단위조차 모르고 있지 않는가?

지구온난화로 인한 기후변화와 미래의 지구 모습의 예측에는 더 많은 연구가 필요하다. 지구의 기후에 영향을 미치는 여러 요인들, 예를 들면, 해양, 해류, 구름, 빙하에 대한 구체적이고 과학적인 분석이 이루어진 후에야 신뢰가 가는 지구의 미래 기후 모습이 예측 가능할 것이다. 아직은 기후에 영향을 미치는 여러 요인들에 대한 과학적 분석이나 연구가 부족한 상황이다. 그렇다고 현재 수준에서 기후변화에 대한

❖ 기후변화와 화석연료 ❖

정확한 예측이 어려우니 그냥 손 놓고 기후가 어떻게 변화하는지 지켜보자는 것은 절대 아니다. 지구를 가지고 도박을 할 수는 없는 것이다. 지구온난화는 필연적인 결과이고, 당분간 이산화탄소의 배출을 급격하게 줄이기는 어렵기 때문에 당분간 지구의 온도는 상승할 것이고, 우리가 살고 있는 기후에 부정적인 영향을 미치는 것은 당연하다. 따라서 우리는 이에 대비한 준비와 실천이 필요하다.

우리는 최근에 전 세계를 휩쓴 코로나-19 팬데믹을 모두가 합심하여 극복했다. 이런 집중력과 통제력을 발휘하면 지구온난화 위기 또한 극복할 것으로 예상은 되지만, 사실 지구온난화 위기는 코로나 위기보다 한 수 위의 어려운 도전이다. 코로나 전염병은 병원균의 확산을 막기 위한 집합금지, 여행 금지, 그리고 백신개발로 짧은 기간에 퇴치가 되었다. 하지만 지구온난화와 기후변화는 코로나 전염병에서 시행했던 것처럼 그런 분명하고 효과적인 수단이 별로 없다는데 문제의 심각성이 있다. 그리고 뒤에 소개되는 화석연료의 특성과 산업사회에 미치는 영향을 생각하면 이산화탄소의 감축이 왜 그토록 어려운지를 이해하게 될 것이다. 그야말로 진퇴양난의 상황을 이해할 것이다. 이런 어려움을 극복하는 실천방안에는 세심하고 합리적인 경제적, 공학적 평가가 필요하다. 아울러 이를 실천하는데 시간이 의외로 많이 필요하다는 것을 이해해야 한다.

2장 기후변화

이번 장에서는 지구온난화에 따른 기후변화에 대하여 설명하고자 한다. 여러 언론 매체에서 지구온난화와 기후변화를 같은 뜻으로 이해하거나 동의어로 사용하는 경향이 있는데, 여기서는 두 현상을 분리하여 설명하고자 한다. 우선 지구온난화는 앞서 이야기한 온실가스에 의한 온실효과로 지표면의 온도가 상승하는 현상이다. 그리고 온실효과의 원리는 복사 열전달이라는 과학적 설명으로 이해가 된다. 그래서 지구온난화라는 현상은 온실효과라는 용어로 누구에게나 쉽게 이해가 되는 것이고, 지구온난화를 막기 위한 방안으로 이산화탄소 배출 감축이라는 분명한 목표 또한 우리가 쉽게 설정할 수 있는 것이다.

최근 지구의 온도 변화가 과거 오래전에 추정한 지구의 온도 변화 폭에 비하여 온도 상승 속도가 급격히 커지고 있다는 것 또한 이산화탄소의 증가와 연관하여 합리적인 추론이 가능한 과학적 사실이다. 즉 지구 온도 상승의 한 가지 원인은 대표적인 온실가스인 이산화탄소의 농도 증가라는 것이며. 이산화탄소의 대기권에서의 농도 증가는 하와이섬에서 측정한 이산화탄소 농도 곡선인 '킬링 곡선'으로 증명이 되었다. 여기까지 볼 때 지구온난화는 부인할 수 없는 과학적 설명이 따르는 현실이다. 그러나 이산화탄소의 증가로 지구가 더워지고 있다는 사실과 이런 지구온난화가

❖ 기후변화와 화석연료 ❖

궁극적으로 우리가 지금 매일 경험하고 있는 지역적인 날씨나 기후에 어느 정도의 변화를 가져올지를 예측하는 것은 온실효과와는 전혀 다른 설명이 필요하다.

우선 기후의 변동은 앞서 설명한 지구온난화처럼 복사열전달 같은 간단한 물리적 공식으로 예측되는 것이 아니다. 지구의 기후는 매우 복잡한 요인들에 의하여 영향을 받고 있으며, 불행하게도 우리가 현재 알고 있는 기후변화에 대한 연구 자료는 매우 부족한 실정이다. 기후변화와 관련된 책을 보면 대부분이 불확실성에 대하여 많이 언급하고 있다. 예를 들면, "아직 그 이유를 모른다.", "그렇다고 확신할 수 없다.", "아직은 이에 대한 연구가 부족하다." 등등이다. 기후변화에 대한 연구가 부족한 이유를 생각해 보면, 첫째로 기후변화에 대한 심각한 위협이 과거 오랜 기간 없었기 때문에 광범위하고 지속적인 연구의 동기부여가 없었다고 볼 수 있다. 둘째로는 기후변화는 연구 결과가 어느 특정한 집단의 이익과 직결되지 않기 때문이다. 마치 양이나 소를 기르는 목장 주인들이 자신들의 사유지는 아껴두고 임자 없는 공유지에 가축을 방목하여, 공유지는 더 이상 풀이 자라지 않는 황폐한 땅으로 바뀌게 되는 '공유지의 비극' 같은 상황인 것이다. 마지막으로 지구의 기후를 변화시키는 원인들에 관한 연구는 대상물인 지구가 너무 크고, 복잡하고, 상호 작용이 다양하기 때문에 이를 통합적으로 아우르는 모델이나 과학적 지식을 얻는 것이 어렵기 때문이라고 생각한다. 다시 말하면, 그동안 기후변화 연구에 대한 급박한 상황이 없었고, 지구는 너무 크고, 복잡한 자연환경을 가지고 있어서 이를 정확하게 이해할 수 있는 물리적, 환경적 지식의 축적이 어렵다는 것이다. 게다가 대규모 연구비를 확보할 당위성 또한 부족했다고 볼 수 있다. 물론 기후와 날씨를 연구하는 과학자들은 이해관계와 상관없이 과거부터 꾸준하게 기초 연구를 해왔지만, 그 규모나 범위는 이익을 추구하는 다른 목적의 대규모 연구보다는 초라한 실정이라고 할 수 있다.

우리 인류는 이산화탄소에 의한 지구온난화의 원인(이산화탄소 증가)과 해결방안

2장. 기후변화

(이산화탄소의 배출 감축이 해결책이고, 그리고 실천이 어렵다는 점은 이미 잘 알고 있을 것이다) 에 대해서는 어느 정도 인식하고 있다. 하지만 불행하게도 지구온난화에 따른 기상이변이 어떤 방식으로 전개가 될 것이며, 이산화탄소가 지구의 여러 영역(해양 산성화, 식물 광합성, 해양의 이산화탄소 흡수 능력)에서 어떤 영향을 미칠지 그리고 기후변화를 대비하는 적절한 방안은 무엇인지에 대해서는 우리가 아직 분명하게 알지 못하고 있는 것도 사실이다. 그래서 기후변화에 대한 다양한 의견들(기후변화 옹호론, 기후변화 회의론) 이 중구난방으로 나오는 이유이기도 하다.

지구의 기후는 크게 두 가지의 물리적 특성을 지닌다고 볼 수 있다. 첫 번째 특성은, 지구는 매우 큰 질량을 가진 존재로서 그 관성력이 매우 크다는 것이다. 다시 말해서 지금의 이산화탄소 농도에서 나타나는 온실효과는 당장 내일부터 인류가 단 한 방울의 석유나, 한 톨의 석탄을 사용하지 않는다고 해도, 즉 완벽한 화석연료의 사용을 금지한다고 해도 앞으로 30~40년간은 지구평균온도에 변화는 거의 없을 것이라는 것이다. 그만큼 관성의 효과가 크다는 것이다. 고속으로 달리는 대형 트럭이나 열차를 급정거하려할 때 브레이크를 세게 밟아도 트럭이나 열차는 바로 멈추지 않는다는 것을 모두 잘 알고 있지 않는가 ?

두 번째 특성은 기후변화는 '티핑 포인트, Tipping Point'를 가질 수 있다는 것이다. 티핑 포인트는 작은 변화들이 어느 정도 기간을 두고 쌓여, 작은 변화 하나가 추가적으로 더 일어나면 전체계에 갑자기 큰 영향을 초래하는 단계가 된다는 것을 의미한다. 물론 이것도 어느 정도 불확실성을 갖고 있기 때문에 기후에 단언적으로 말하기는 어렵지만 예상되는 이런 특성 때문에 우리는 미래의 기후변화에 공포심과 두려움을 갖게 되는 것이다. 하지만 우리는 지구의 기후에 영향을 미치는 여러 구성 요소들의 역할이나 기능에 대하여 아직 충분한 지식이 부족하기 때문에 어떤 결과가 어느 정도 시간이 지나야만 나타날지는 정확히 모른다. 게다가 지구가 가지고 있는

❖ 기후변화와 화석연료 ❖

스스로의 복원력이라는 특성을 고려해 보면, 미래의 기후 예측은 현재의 지식수준으로는 불확실성이 많다는 정도로 이해를 하자. 즉 기후변화는 지구온난화보다 복잡하고 예측이 어려운 자연현상이라는 것이다.

2-1. 기후변화의 의미

앞에서 언급했듯이 기후변화는 단지 지구 지표면의 온도 상승으로 모든 상황이 설명되어지는 자연현상은 아니다. 우선 지구의 평균온도가 산업화 이후 1.2℃ 상승했다는 것은 당연히 그 동안 지속적으로 지구의 온도를 측정했다는 이야기다. 그럼 여기서 몇 가지 궁금증이 생긴다. 이제 가장 기초적이고 근본적인 질문부터 해보자. 지구의 온도는 어디서, 그리고 어떤 방법으로 측정한 것인가? 그것이 정확한지를 어떻게 보장할 수 있나? 지구의 온도 측정에 대한 신뢰할 만한 자료는 1950년부터 시작한 기상관측 풍선을 이용한 온도와 습도 측정 자료이다. 그리고 1978년부터 미국 NASA에서 지구 궤도를 도는 인공위성의 마이크로 음향장치를 이용한 대류권의 추정온도에서 계산된 자료이다. 이 두 가지 기상 자료는 신뢰성이 높다고 할 수 있다. 한편 지표면의 온도는 지표면에서 2m 정도에 위치한 지상의 많은 관측소와 선박, 그리고 해양에 설치된 부표나 바닷물을 퍼 올려서 실측한 자료를 사용하였다. 이렇게 많은 측정 장소와 다양한 측정 방식으로 얻어진 기상자료는 세계 기상기후에 보고되고 이것으로 통계가 만들어지는 것이다. 이와 별도로 개별적인 대학이나 민간 연구소에서도 이런 기상 자료를 바탕으로 자신만의 계산방식으로 지구의 평균온도 자료를 발표하고 있다. 또한 지구의 온도 변화와 관련하여 흥미로운 점은 과학자들이 지구의 평균온도 변화 자료를 과거 2000년 전의 온도, 과거 1만 년 전의 온도, 그리고 심지어는 과거 80만 년 전의 온도까지 제시하고 있다는 것이다. 하지만 과학

2장. 기후변화

적으로 믿을만한 온도 측정은 1850년부터 사용하는 온도계를 통해서 시작된 점을 고려하면 과학자들이 제시하는 오래된 과거의 온도 예측이 실로 궁금하지 않을 수 없다. 여기서 과학자들의 상상력과 정교한 과학적 원리와 세밀한 측정과정을 칭찬하지 않을 수 없다. 과학자들이 과거의 온도를 예측하는 방법으로는 우선 가까운 과거의 온도는 나무 나이테의 너비, 산호초의 성장 비율, 호수 퇴적물, 화석, 빙하 길이로 예측을 하는 방법과 아주 오래전 온도는 빙하 코어의 동위원소 분석으로 계산을 하는 방법이 있다. 여기서 과학자들의 노력과 정교함을 인정해야 하겠지만 이런 온도 자료는 단지 참고 사항일 뿐이다. 왜냐하면 이런 측정방식은 지역적인 편차와 시료의 불완전함이라는 내재된 오류를 피할 수 없기 때문이다. 우리가 소위 말하는 과학적 자료에도 의문을 가지고 그 과정을 세밀하게 살펴보면 볼수록, 더 정확한 측정 방법이 제안되고, 보다 믿을만한 과학적 자료가 얻어지는 것이다. 유명한 과학자들이 제시한 자료라고 무조건 신뢰하지 말고, 그 과정에서 의심스런 부분을 찾아내려고 하는 것이 과학을 자극하고 발전시키는 원동력이 되는 것이다. 이제 지구의 평균온도를 측정하는 것이 어느 정도 오차 가능성이 있으며, 측정의 정확도에도 불확실성이 존재함을 알게 되었다. 그리고 과거의 지구 온도와 비교할 때 발생할 수 있는 시료의 불확실성 또한 알게 되었을 것이다. 이처럼 단순해 보이는 지구 지표면의 온도 측정에도 불확실성과 부정확함이 존재한다는 점을 이해하여야 한다. 즉 기후변화의 출발점이 되는 온도 측정에서부터 불완전함과 불확실성이 이미 존재하고 있다는 점을 기억해야 한다.

앞에서 언급한 지구의 다양한 장소에서 다양한 방식으로 얻어진 지구의 평균온도 측정 자료는 왜 의미가 있는가? 이런 자료는 다가오는 가까운 미래에 지구의 기후변화를 예측하는데 출발점이 되는 소중한 자료이기 때문이다. 앞서도 언급했지만, 여기서도 날씨와 기후에 대한 차이를 먼저 인식하는 것이 출발점이다. 예를 들면 2024

❖ 기후변화와 화석연료 ❖

년 날씨가 평년에 비해 지독히 더운 상태였다고 해서 우리의 기후가 더운 상태로 완전히 바뀌었다는 것은 아니라는 것이다. 과거보다 더운 '날씨'가 더운 '기후'로 인정받으려면 수십 년간의 더운 날씨가 필요하다는 것이다.

이제 지구의 미래 기후가 어떤 모습으로 변화할지를 설명하는 몇 가지 주장을 들어 보자. 우선 기후변화에 대하여 매우 비관적이고, 우울한 전망을 하는 환경주의자이며, 다소 과격하다는 평을 받는 환경 저널리스트이자 사회운동가인 마크 라이너스가 쓴 "최종 경고: 6도의 멸종; 기후변화의 종료, 기후붕괴의 시작"이라는 책을 살펴보자. 우선 책 제목부터가 너무 자극적이지 않은가? 그는 지구의 평균온도가 1℃씩 증가함에 따라 지구의 자연환경이 어떻게 변화하는지를 다음과 같이 서술했다.

1) 지구의 평균 기온이 1℃ 이상 상승 :
   북극의 얼음층이 얇아지고, 멕시코 만류가 붕괴되고, 해수면이 상승하고, 허리케인이 더욱 변덕스러워지고, 폭염 난민이 발생하고, 산호의 백화현상이 일어나고, 나무가 말라 죽는다.
2) 2℃ 상승 :
   열사병과 뎅기열이 기승을 부리고, 빙하가 사라지고, 식량 생산이 줄어들고, 아마존이 위험에 처하고, 바다는 텅 빈 상태가 된다.
3) 3℃ 상승 :
   빙하가 무너지고, 해수면이 상승하고, 식량 생산이 위협받고, 야생동물은 난민이 되고, 북극에는 얼음이 존재하지 않고, 치명적인 홍수가 발생한다.
4) 4℃ 상승 :
   살인적인 더위, 빈번한 홍수, 농작물의 수확량 감소, 생물 종의 대량 멸종, 남극 대륙의 용융, 북극 동토층의 메탄 방출이 시작된다.

5) 5℃ 상승 :
   지속적인 폭염, 부족한 식량, 경제시스템 붕괴, 도시 기능 마비, 생물의 대량 멸종이 시작된다.
6) 6℃ 상승 :
   지구상 얼음 존재하지 않음, 생태계 먹이사슬 붕괴, 해수면 상승, 강한 열기로 비는 바로 증발한다. "

 마크 라이너스의 예측을 보면, 지구의 앞날이 너무 파멸적이고, 악몽 같은 일들이 벌어지는 지옥 같은 곳으로 묘사가 되고 있다. 이런 전망은 우리로 하여금 우리의 앞날을 비관적으로 보게 하고, 희망을 갖지 못하게 하고, 우울한 생각에 빠지게 하며, 절망적인 미래가 기다리고 있다는 공포심마저 들게 한다. 특히 어린 청소년에게는 암울한 미래에 대한 절망과 공포심을 심어준다는데 그 심각성이 있다. 그런데 저자 마크 라이너스는 날씨나 기상 전문가가 아니고 환경운동가이다. 그는 너무 선정적이고 자극적인 내용을 전파하는 극단적인 환경주의자라고 볼 수밖에 없다. 그는 과학적 사실보다는 자신의 신념에 따라 우리에게 자연을 지키라는 경각심을 불러일으키고자 과장되게 경고를 하는 것이라고 생각된다. 그 책의 말미에 그는 자신이 참고한 전문 연구 보고서나 논문을 즐비하게 나열했다. 그것으로 자신의 주장의 객관성을 주장한 것이라고 할 수 있다. 하지만 그것은 아마도 자신의 신념이나 이상에 잘 들어맞는 몇몇의 특정한 책이나 논문만을 선택한 것이 아닐까 한다. 이른바 확증편향의 한 예라고 볼 수 있다. 그의 주장을 회의적으로 보는 이유는 그의 주장에 상반되는 과학자들의 연구 결과나 주장 또한 많이 존재하고 있기 때문이다. 환경운동가나 과학자는 미래를 예측하는 점쟁이가 아니다. 앞서 이야기 했지만 우리는 미래의 기후를 자신 있게 예측할 만한 자료들을 아직 충분하게 축적하지 못했고, 모르는 영역 또한 많기 때문이다.

❖ **기후변화와 화석연료** ❖

    예를 들면 그는 자신의 책에서 지구의 온도가 3℃ 상승하면, 곤충의 절반, 포유류의 1/4, 식물의 44%, 새의 1/5이 거주지를 잃을 것이라고 주장했다. 그런데 우리는 아직 이런 다양한 종들 각각의 개체수도 정확히 모른다. 게다가 과학자들마다 대략 1,000만에서 8,000만의 생물종이 존재한다고 예상한다. 얼마나 많은 생물 종이 지구성에 존재하는지도, 그리고 각각의 생물종의 정확한 개체수도 모르는데 지구온난화로 인해서 얼마나 많은 종들이 죽거나 멸종할지를 어떻게 추적, 관찰할 것인가?

    이런 주장은 무책임한 선동이라고 볼 수밖에 없다. 자신의 신념을 지나친 과장과 공포로 선동하는 것은 합리적인 환경운동가를 깎아내리고 환경보호에 부정적인 시각을 갖게 하는 부작용을 낳을 수 있다.

    한편 이런 과격한 기후변화 주장에 반대되는 내용을 이야기하는 다른 예를 살펴보자. 책의 제목은 "Unsettled ?"이고, 대략적으로 말하면 기후변화의 미래는 아직 '합의되지 않은' 영역이라는 의미로 볼 수 있다. 이 책의 저자는 스티븐 쿠닌 박사이다. 그는 미국 caltech 이론 물리학과 교수이자, 미국 에너지부 과학 국장을 지낸 사람이다. 그는 매우 저명한 교수이며, 그의 과학적 지식과 경력은 신뢰할만하다고 할 수 있다. 그는 지구온난화와 기후변화는 과학적 자료를 과대포장하고 공포를 유발하여 이익을 추구하는 일부 언론, 정치인, 연구소, 과학자, 그리고 NGO때문이라고 주장한다. 그는 여러 사례를 들어 기후변화 옹호론자들을 비판한다.

- 신문에서 "해수면이 상승한" 말하지만, 실제 해수면은 지난 100년 동안 고작 30cm 미만으로 상승하였다.

- 신문에서 "해양이 더워지고 있다. 그리고 이것은 히로시마에 떨어진 핵폭탄을 매 초마다 5개를 터트리는 것과 같다"라고 주장하지만, 실제 해양의 온도는 10년에 0.04℃ 정도 상승하고, 해양이 흡수할 수 있는 태양 에너지의 크기가

매초 원자탄 5개에 상응하는 에너지라는 뜻이지, 기후변화가 원자폭탄의 공포와 비견되는 것은 아니라는 것이며, 그만큼 해양의 에너지 저장 능력이 어마어마하다는 이야기라는 것이다.

- 신문에서 "미국을 덮치는 허리케인의 강도가 점점 강해지고 있다"라고 하지만 실제로 1980년 이후로 태풍의 강도가 감지할 만큼 큰 차이를 보이지는 않는다.

이렇듯 지구온난화에 대하여는 대부분이 수긍하는 과학적 설명이 존재하는 많은 책들이 있지만, 이와는 달리 지구온난화로 인하여 어떤 형태의 기후변화가 나타날지에 대해서는 신뢰할만한 과학적 설명이 아직은 충분히 확립되지 않았다고 주장하는 책들도 많이 있다. 즉 지구온난화로 인하여 미래의 기후는 변화할 것이고, 아울러 우리는 지금보다 더 나쁜 날씨나 기상 조건을 맞이할 것으로 예상은 되지만 우리가 공포를 가져야 한다는 주장에는 부정적인 시각 또한 존재한다는 것이다. 다시 말하면 미래의 기후가 우리 인류가 적응하고 감내할 만한 수준인지 아니면 파멸적인 결과를 가져올지는 아직 모른다는 것이다.

이제 구체적으로 지구의 기후를 결정하는 여러 시스템을 하나씩 살펴보면서 왜 예측이 어려운지 알아보자.

2-2. 기후변화의 복잡성

지구의 기후변화는 지구를 구성하는 여러 구성 요소들(대기, 바다, 해류, 빙하, 구름, 땅, 호수, 식물)의 통합된 상호작용이기 때문에 매우 복잡한 문제이다. 이제 지구의 기후를 구성하는 다양한 요소들을 하나씩 살펴보면서, 우리가 알고 있는 지식과 우리가 확신할 수 없는 기후관련 내용에 대하여 알아보자.

- 대기권

지구의 대기권은 지구를 보호하는 담요 역할을 한다. 대기권은 높이에 따라 크게 4개의 층으로 나누어진다. 가장 아래에 존재하는 층은 대류권(tropopause)이라고 하고 지표면에서부터 10~16Km 정도 상공까지다. 일반적으로 우리가 타고 다니는 여객기가 비행하는 고도 정도이다(제트기는 연료를 연소할 때 산소를 필요로 하기 때문에 대기권 고도 이상으로 비행하기는 어렵다). 이 대기권에 우리들이 잘 알고 있는 대부분의 기체들(질소, 산소, 이산화탄소, 수증기) 이 존재하고 있다. 다음 영역은 성층권(stratopause)이라고 하고, 대략 지표면에서 10~50Km까지 차지한다. 여기에는 태양에서 오는 강력한 자외선을 막아주는 얇은 두께의 오존층이 존재하고 있다. 만일 오존층이 없으면 지구상 대부분의 생명체는 강력한 자외선으로 인하여 생명의 위협을 받는다. 그래서 오존층은 우리의 생명을 지키는 방패인 셈이다. 그 위로는 중간권(mesosphere) 있으면, 지상에서 약 50~80Km의 층이다. 마지막으로 열권(thermosphere) 이 있으며, 지상에서 80~500Km까지 이어진다. 여기서 우리의 기후와 관련된 중요한 사실은 온실효과는 대류권과 성층권에만 영향을 준다는 것이다. 그리고 또 다른 중요한 사실은 고도가 높아질수록 온도분포가 바뀐다는 것이다. 우리는 경험적으로 지표면에서 높은 곳으로 올라갈수록 온도가 낮아지는 것을 알 수 있다. 높은 산에 등산해 보면 온도가 낮아지는 것을 우리는 감각적으로 알 수 있다. 그런데 성층권으로 올라가면 반대로 고도가 높아질수록 온도가 올라간다. 그 이유는 성층권에 존재하는 오존층이 태양에서 오는 자외선을 흡수하기 때문에, 흡수된 복사에너지로 인하여 온도가 올라간다. 만일 오존층이 태양에서 오는 자외선을 흡수하지 못했다면 우리의 건강은 크게 위협을 받을 것이고(특히 피부암), 대기권의 온도 분포

또한 변했을 것이다. 이런 이유로 성층권 온도가 대류권보다 높은 것이다. 그런데 다시 중간권으로 고도가 높아질수록 대류권처럼 온도가 떨어진다. 그리고 마지막으로 열권에 도달하면 다시 고도에 따라 온도가 올라간다. 우리는 지구를 둘러싼 대기권의 다양한 온도 분포를 통해서 우리의 기후에 직접적인 영향을 주는 대류권의 온도 분포의 복잡함을 확인할 수 있는 것이다.

대기권의 또 다른 특징은 대기권의 기체들이 높은 고도에서 가만히 있는 것이 아니라 순환한다는 것이다. 즉 바람이 부는 것이다. 바람은 적도 지방과 극지방의 온도 차이에 의하여 발생하며, 이런 자연적인 대류 현상은 우리의 기후에 큰 영향을 주는 것은 당연하다. 게다가 바람은 적도 지방과 극지방의 온도 차이뿐만 아니라, 위도에 따른 대기압(공기가 대기를 누르는 힘)의 미세한 차이에 의해서도 발생한다. 대표적인 바람은 무역풍인데(무역풍은 동쪽에서 서쪽으로 분다) 이것은 위도 30도 지역과 적도 지역의 대기압 차이에 의해서 발생한다. 그리고 대기권의 기체들이 일으키는 또 다른 바람이 있는데 그것은 지구가 자전을 하면서 발생하는 바람이다. 한편 또 다른 성질의 바람으로는 우리가 비행기로 장거리 여행할 때 목적지로 가는 방향과 돌아오는 방향에 따라 비행시간이 1~2시간 차이 나게 하는 제트기류도 있다. 이처럼 우리가 하늘을 바라볼 때 대기는 가만히 있는 것처럼 보이지만 실상은 많은 물리적 변화를 일으키고 있는 것이다. 이쯤에서 매일 매일의 날씨에 큰 영향을 미치는 바람에 대한 더 깊은 설명을 피하도록 하고, 우리가 일상의 날씨에서 마주하는 바람은 대기권의 기체가 주변 환경의 물리적 조건에 따라 다양하게 생성되는 것이라는 정도로 이해하도록 하자. 그리고 이런 바람들이 우리의 기후에 큰 영향을 준다는 것은 너무나 당연한 상식이다. 즉 우리가 바람의 발생 원리나 시기, 강도, 방향, 지역적 분포에 대해서는 잘 모르지만, 우리가 일상의 기후에서 만나는 바람의 영향은 감각적으로 잘 인식하고 있는 것이다. 특히 겨울철에 대기온도와 체감온도가 큰 차이를

❖ 기후변화와 화석연료 ❖

보이는 것 또한 바람의 영향임을 우리는 잘 알고 있다. 대기와 대기권에서 작용하고 있는 바람에 대해서는 이 정도로 그 복잡함을 이해하는 수준에서 마치기로 하고, 다음으로는 지구의 70%를 차지하고 있음에도 불구하고 잘 알려지지 않은 바다에 대하여 알아보자.

- 바다

이산화탄소 배출에 따른 지구온난화로 인하여 기후변화가 어떤 형태로 전개될 것인가를 결정하는 가장 큰 변수는 바로 지구 면적의 70%를 차지하고 있는 바다(해양)이라고 할 수 있다. 바다는 태양으로부터 복사되는 에너지의 대부분을 흡수하는 에너지 저장소이기도 하고 이산화탄소의 저장소이기 때문이다. 눈에 보이지 않지만 대기와 바다는 바람에 의하여 에너지와 물질 교환 같은 상호 작용을 한다. 대표적인 상호작용을 보면, 해양은 물을 지상과 대기로 전달하고 대기권의 이산화탄소, 산소, 질소를 흡수한다. 바다는 물고기의 서식처뿐만 아니라 이산화탄소를 저장하는 기능도 한다. 바다는 지구(대기권 포함)에 존재하는 이산화탄소를 가장 많이 저장하고 있는 장소이다. 게다가 바다는 지구의 온도를 조절하는 온도 조절기 역할을 한다고 알려져 있다. 바다는 온도가 높은 적도의 열을 흡수하여 온도가 낮은 극지방으로 에너지를 전달함으로서 열평형을 이루려고 한다. 한 여름철에 우리가 자주 겪는 태풍, 사이클론, 허리케인은 다소 폭력적인 방식으로 열에너지를 적도에서 중위도 지역으로 전달하는 열평형 과정이라고 볼 수 있다. 지구는 이렇게 지구 전체를 균일한 온도로 유지하려고 자발적으로 작용하는 것이다. 우리가 열역학을 통해서 알다시피 모든 물체는 열적 평형을 이루려고 하는 자연적인 경향을 가지고 있는데(뜨거운 것과 차가운 것이 접촉하면 두 물체가 중간온도로 되려는 경향), 태풍이나 허리케인은 이런 현상을 보여주는 특별한 예의 하나라고 볼 수 있다.

2장. 기후변화

한편, 바다는 대기권과 마찬가지로 바다의 깊이에 따라 몇 개의 영역으로 구별된다. 우선 가장 얕은 층인 혼합층(mixed layer)은 깊이가 20~200m이고, 난류의 영향으로 서로 잘 섞이고, 온도는 균일한 편이고, 태양 빛을 받아서 따뜻한 상태이다. 또한 광합성을 하는 대부분의 식물성 플랑크톤이 분포한 지역이기도 하다. 이 혼합층이 중요한 이유는 이 지역에 살고 있는 플랑크톤이 광합성을 하는 과정에서 이산화탄소가 필요하기 때문에 대기권에 있는 이산화탄소를 흡수하여 바다속으로 용해되도록 한다. 그리고 광합성의 결과물인 산소를 방출하는데, 이 용존산소는 다시 바다 표면에서 증발되어 대기권으로 들어가서 대기권의 산소로 존재하게 된다. 이렇듯 바다는 이산화탄소와 산소의 순환에도 큰 영향을 미친다. 두 번째 층은 수온약층(Thermocline)이라고 하며 수심에 따라 온도가 떨어지고 염도가 증가한다. 이 영역은 대략 수심이 500~900m 정도이다. 마지막 영역은 심해층(Deep zone)이라고 하며 이 영역은 온도와 염도가 매우 일정하다. 예상하다시피 심해층의 특징은 잘 알려져 있지 않는데, 당연히 그럴만하다. 왜냐하면 심해는 높은 수압으로 인해 탐사가 어렵고 기초 연구를 하는데도 극단적인 자연환경을 견디어야 하기 때문이다. 즉 해양은 우리의 생각과 달리 기후변화에 큰 영향을 미치는 요소임에도 불구하고, 불행하게도 우리는 바다에 대하여 아직은 잘 알지 못한다. 앞서 이야기한 대로 연구에서 얻는 이익이 별로 크지 않기 때문이기도 하고, 육지나 대기와 달리 바다의 자연조건이 연구수행에 너무 가혹하기 때문이다. 게다가 해양을 대표하는 지역을 선정하기도 어렵다. 넓은 해양 전체를 다 속속들이 탐사할 수는 없기 때문이다. 이렇듯 해양이 기후에 미치는 영향이 매우 중요함에도 불구하고 충분한 연구가 이루어지지 않은 이유를 이제 잘 이해를 했을 것으로 믿는다. 17세기 과학혁명이후 인류는 많은 과학적 진보를 가져왔지만, 자연에는 우리가 모르는 것이 너무 많이 남아있다. 바다는 물고기의 서식지이고 우리의 식량이 되는 어류를 제공하는 것 이외에도 지구의 균형 잡힌 환경을 유지하는데 큰 역할을 하고 있다는 것을 인식해야 한다.

- 해류

해류는 일정한 방향으로 흘러가는 바닷물의 흐름을 의미한다. 쿠로시오 해류, 알류신 해류 등과 같이 우리 귀에 익숙한 해류의 이름은 들어보았을 것이다. 일반적으로 해류는 수면 위에서 부는 바람에 의해서, 그리고 바닷물의 염분 농도 차이에 의해서 발생한다. 해류 발생을 좀 더 자세히 살펴보면, 우선 수면 위의 바람이 불면, 수면과 바람의 마찰에 의하여 표층에 일정한 흐름이 생기는데 이런 이유로 해류가 발생한다는 것을 쉽게 예측할 수 있다. 하지만 해수의 염분 차이에 의한 해류 발생은 좀 더 설명이 필요하다. 우리는 바닷물이 짜다는 것은 잘 알고 있다. 그런데 왜 바닷물은 짤까? 바닷물이 짠 이유는 지구의 토양에서 빗물에 의해 흘러 들어온 무기물들이 강을 통해서 바다로 유입되기 때문이다. 이런 무기물의 대부분을 우리는 염이라고 부르고, 그래서 바닷물은 염분이 높다고 하는 것이다. 앞서 바다는 깊이에 따라 3개의 영역으로 나누어진다고 했다. 염도가 높다는 것은 밀도가 크다는 것을 의미하기 때문에 밀도가 큰물은 밑으로 가라앉아서 심해로 이동을 할 것이다. 바다는 밀도가 작은 혼합층부터 밀도가 큰 심해층으로 이루어져 있다고 했다. 그런데 바다의 얕은 부분인 혼합층은 태양 빛을 잘 받기 때문에 심해층보다 온도가 높다. 따라서 바다의 깊이에 따른 온도차와 밀도차이로 인하여 해류의 순환이 생기는 것이다. 이런 해류의 대표적인 것이 걸프 스트림, 쿠로시오 해류, 남극순환 해류, 아굴라스 해류 등이 있다. 바다와 마찬가지로 해류 또한 우리의 기후와 날씨에 큰 영향을 준다. 대기권에서 바람이 순환하면서 수증기와 이산화탄소를 바다로 전달하듯이 해양 또한 거대한 해류를 통하여 지구의 여러 대륙에 에너지를 전달한다. 해류는 해양의 온도와 밀도 차이에 의해서 발생이 되고 이런 전 지구적 해류의 이동을 글로벌 해류 컨베이어 벨트라고 부른다. 앞서 언급한 지역적인 해류와 달리, 글로벌 해류의 흐름은 북대서양과 남극 부근의 남극해의 차가운 물의 침강으로부터 시작이 되며, 이 해류는 지구를 매우 느리게 순환하면서 지구의 온도를 안정화하는 역할을 한다. 그런

2장. 기후변화

데 이런 글로벌 해류의 순환은 앞서 태풍과 마찬가지로 지구의 온도를 균일하게 하려는 자연적인 현상이지만 거대한 해류의 순환과정은 수백 년이 걸리는 정도로 천천히 진행이 된다는 점에서 태풍이나 허리케인과는 다른 방식으로 지구의 온도를 조절하는 것이다.

이런 해류의 영향은 인접한 대륙의 강수량과 온도에 큰 영향을 주고 있으며, 이와 별도로 종종 특이한 기상이변을 가져오기도 한다. 가장 대표적인 것이 '엘리뇨'이다. 누구나 한번은 들어본 적이 있는 특이한 기상현상이다. 엘리뇨는 태평양 페루 부근 해역의 바닷물 표면 온도가 주변 바다보다 2~10℃ 높은 상태가 6개월에서 1년 정도 지속하는 현상이다. 남미의 어부들이 특정한 시기에 갑자기 수온이 상승하여 물고기를 잡을 수 없는 상황이 주기적으로 반복이 되면서, 이런 현상에 대하여 과학자들이 연구를 하면서 알려진 것이다. 엘리뇨는 따뜻한 겨울이 일찍 찾아오고, 비가 평소보다 많이 내리고, 어떤 지역은 가뭄을 동반한다는 것이다. 게다가 치명적인 문제점은 앞서 언급했듯이 이 기간에는 어획량이 급속히 감소한다는 것이다. 여기서도 엘리뇨의 발생과 원인에 대한 자세한 설명은 생략하고, 다만 과학자들은 에너지 균형을 조정하는 해류의 변동에 따라 이런 현상이 발생한다고 이야기한다는 정도로만 이해하자. 이렇듯 해류는 특정한 시기에 특정한 지역에 이상기후를 가져오는 것뿐만 아니라, 해양에 인접한 지역의 기후에도 큰 영향을 미친다. 즉 바다와 해류의 흐름 또한 기후변화를 가져오는 중요한 요소라는 것이다. 앞서 이야기했듯이 이런 해류의 흐름은 매우 천천히 진행이 되기 때문에 큰 변화를 알아차리기가 어렵다는 불확실성 또한 존재한다. 그리고 해류의 흐름에 영향을 주는 심해의 염도, 해수면 온도, 그리고 해류의 대류 현상에 대한 충분히 지식이 부족하기 때문에 해류에 의한 기후변화 영향을 예측하는데 불확실성이 많이 있다고 할 수 있다.

❖ 기후변화와 화석연료 ❖

결론적으로 우리의 기후를 결정하는 것은 단지 지구 지표면의 온도만이 아니라, 지구를 구성하는 여러 요소(하부 시스템)의 상호작용으로 결정된다는 점을 알아야 할 것이다. 그리고 그러한 하부시스템에 대한 정확하고 광범위한 지식이나 연구 또한 현재는 부족한 실정이라는 점을 인식해야 한다. 우리는 아직 지구에 대해 모르는 것이 너무 많다.

한편 이산화탄소의 가장 큰 저장소라고 알려진 바다에 대하여 좀 더 알아보자. 화석연료를 연소하면 이산화탄소가 나오고, 그것은 기체이기 때문에 배출된 이산화탄소는 당연히 모두 대기권으로 올라가서 그곳에 머무르는 것으로 생각하기 쉽다. 하지만 실상은 다르다. 대략적으로 말하면, 인간이 배출한 이산화탄소의 반 정도만 대기권에 존재하고 나머지는 대부분 해양과 지구의 토양, 그리고 일부는 지구상의 식물들이 흡수한다. 그런데 해양은 상대적으로 매우 큰 면적과 부피를 가지고 있어서 잠재적으로 이산화탄소의 가장 큰 저장소이다. 즉 이산화탄소는 대기권에서는 기체로 존재하지만 해양에서는 용존 상태의 액체로 존재한다. 따라서 바다는 대기권보다 더 많은 이산화탄소를 저장할 수 있다. 해양이 어떻게 이산화탄소를 흡수하는지는 우리가 자주 마시는 탄산음료를 보면 알 수 있다. 탄산음료의 뚜껑을 열면 병 속의 압력 때문에 물에 용해된 이산화탄소가 다시 기체 상태의 거품으로 쏟아져 것을 잘 알고 있다. 즉 높은 압력에서 탄산음료의 물에 용해된 이산화탄소가 탄산음료의 뚜껑이 열리면서 대기압으로 압력이 줄어들면서 용해된 이산화탄소가 다시 기체로 변하는 것이다. 그것이 탄산음료의 거품이다. 일반적으로 물은 이산화탄소를 잘 흡수해서 액체 상태의 분자로 용해를 시킨다. 따라서 화석연료의 연소로 배출된 이산화탄소는 기체 상태로 바로 대기권으로 올라가지만, 다시 대기권의 대류 작용으로 바다와 만나면서 바닷물의 표면에서 바닷물에 용해되어 바다로 흡수되는 것이다. 이런 원리로 바다는 이산화탄소를 흡수하는 대표적인 저장소가 되는 것이다. 이런 과학적

2장. 기후변화

설명을 듣고 나면, 대기권에 존재하는 이산화탄소는 지구상에 넓게 분포하고 있는 바다에 점진적으로 흡수가 되기 때문에 시간이 지나면 결국 대기권의 이산화탄소 농도가 감소해서 지구온난화를 걱정하지 않아도 되겠구나 하고 생각할지 모른다. 하지만 불행하게도 바닷물에 녹아 들어가는 이산화탄소의 흡수속도가 발목을 잡는다. 화석연료를 연소해서 발생한 이산화탄소는 대기권으로 상승해서 몇 일후에는 대기권에서 안정된 물질로 존재한다. 그리고 곧바로 온실효과를 가져온다. 그 후 대기권의 이산화탄소는 대기권의 대류 작용으로 지구표면과 바다로 내려오면서 식물과 해양에 흡수가 된다. 그런데 문제는 대기의 이산화탄소가 바닷물로 흡수되는 속도가 대기로 방출되는 이산화탄소의 속도보다 너무 느리다는데 문제가 있다. 대기권에서 이산화탄소의 수명은 대략 200년 정도로 알려져 있다. 그런데 해양이 대기권에 존재하는 이산화탄소를 모두 흡수하는데 걸리는 시간은 대략 수백 년에서 수천 년이나 된다. 따라서 시급하게 대기권의 이산화탄소의 농도를 급격하게 줄여야 하는 우리의 현실에서는 느린 속도로 진행이 되는 해양의 이산화탄소 흡수는 크게 도움이 되지는 않는다고 볼 수 있다. 하지만 앞서 해양은 3개의 층으로 나누어져 있다고 했는데, 우리는 해양의 표면층인 혼합층에 대해서만 약간의 지식이 축적된 상황이고, 따라서 심해층과 혼합층간의 이산화탄소 전달과정이나, 해양에서 성장하는 플랑크톤이 광합성에서 소비하는 이산화탄소의 흡수 과정은 아직 깊이 있는 연구가 진행되지 못한 상태이다. 그래서 우리가 바다에 대해 더 많은 연구를 집중하면 이산화탄소를 바다에 좀 더 많이, 그리고 빨리 저장하는 방법을 찾을지도 모른다. 이처럼 바다는 앞서 살펴본 대로 여러 가지 방식으로 우리의 기후에 큰 영향을 미치고 있는 지구의 구성요소이고, 이에 대한 보다 폭넓고 깊이 있는 연구가 필요한 것은 이제 분명한 일이 되었다.

❖ 기후변화와 화석연료 ❖

2-3. 이산화탄소가 지구생태계에 미치는 영향

　이산화탄소가 대기권에서 온실효과를 일으켜서 대기의 온도를 높이는, 소위 말하는 지구온난화의 주요 원인이라는 사실은 잘 알려진 사실이다. 그런데 과연 이산화탄소는 지구에서 방출되는 긴 파장의 복사에너지를 흡수하여 온실효과를 일으키는 역할만 하는 것일까? 아니다. 앞서 우리는 대기로 방출된 이산화탄소가 지구의 대기에서 온실효과를 일으키는 현상만을 관심 있게 살펴보았지만, 이산화탄소가 지구의 기후에 영향을 미치는 영역은 생각보다 많이 있다. 기후변화의 복잡성과 연관하여 지구를 살펴보면, 지구를 구성하는 모든 부분에 비해 대기권은 오히려 작은 영역이다. 지구의 기후는 해양, 호수, 강, 빙하, 만년설, 토지, 숲, 그리고 모든 살아있는 유기체의 영향을 받는다. 따라서 이런 모든 영역에 대한 이산화탄소의 영향과 그로 인한 기후변화의 결과를 예측하여야만 우리는 올바른 기후변화의 대비책을 세울 수 있는 것이다.

- 바다의 산성화와 그 영향

　앞에서 바다는 대기권과 물질교환(수증기, 산소, 이산화탄소, 질소 등)을 하면서 평형상태를 유지한다고 이야기했다. 그런데 대기권의 이산화탄소의 농도가 올라가면, 당연히 바다가 흡수할 수 있는 이산화탄소의 양 또한 증가할 것이다. 즉 화석연료를 많이 연소할수록 바다 속의 이산화탄소 용존 양도 서서히 증가한다는 것이다. 한편 바다 속의 이산화탄소는 물과 반응하여 탄산을 만드는데, 잘 알다시피 탄산은 산성 물질이라서 바다 물의 pH는 감소하게 된다. 그런 이유로 산업화 이전의 해양의 pH는 대략 8.2이었고, 현재는 8.05로 다소 감소된 것으로 알려져 있다. 하지만 이런 미세한 바닷물의 수소이온농도의 변화에도 해양 생태계는 매우 큰 영향을 받는 것으로 알려져 있다. 우선 긍정적인 것은 이산화탄소가 탄산으로 변화하면 바다는 더 많은 이산화탄소를 대기권에서 흡수할 수 있지만, 추가적으로 흡수할 수 있는 이산화탄소의 양은 아쉽게도 인간이 화석연료를 연소해서 배출하는 이산화탄소의 양에 비하여 상대적으로 작은 것으로 알려져 있다. 그리고 해양의 산성화가 가져오는 가장 부정적인 영향은 바로 산호의 파괴에 있다. 즉 산호의 뼈대를 구성하는 석회화 속도가 느려지면서 산호초의 성장이 늦어지는 것이다. 이게 왜 문제가 되는가 하면, 산호초는 해양 생태계를 구성하는 중요한 해양생물들의 은신처 역할을 하기 때문이다. 또한 많은 조류들의 서식처이기도 하는데, 여기에서 서식하는 편모조류들이 광합성을 하는 과정에서 이산화탄소를 소비하기 때문에 바다의 이산화탄소 흡수 여력이 더 커지는 것이다. 따라서 산호초의 존재가치는 해양 생태계의 먹이사슬의 유지와 대기권 이산화탄소의 흡수에도 도움을 주는 것이다. 산호초는 이런 기능을 하는 매우 요긴한 해양생물이기 때문에 해양의 산성화에 따른 산호초의 파괴는 매우 천천히 해양생태계 전체에 부정적인 변화를 가져올 것으로 예상된다.

세계 최대의 산호초 군락지는 호주 퀸즈랜드의 그레이트 베리어 리프이며 면적은 한반도 크기와 비슷하다. 그런데 최근에 백화현상으로 산호초가 대부분 폐사되고 있다는 소식이 전해졌다. 이에 대한 원인으로는 바다의 수온상승이 지목된다. 왜냐하면 수온이 상승하면 산호초에 기생하고 있는 황록 공생조류가 활성 산소를 발생한다. 그러면 산호초는 자신에게 독성이 있는 활성산소를 피하기 위해 황록 공생조류를 방출하면서 색이 변하는 것으로 알려져 있다. 이렇듯 우리의 생태계는 매우 예민하고 정교한 공생관계를 통해서 유지되고 있다는 사실을 다시 확인하게 된다. 즉 우리의 환경에 조그만 변화가 일어나도 생태계가 민감하게 변한다는 것을 알아야 한다.

- 식물 성장에 대한 영향

지구상의 대부분의 식물은 광합성으로 성장한다. 광합성에 필요한 요소는 물, 태양빛, 그리고 이산화탄소이다. 따라서 식물의 광합성에 필수적인 이산화탄소가 많아지면 식물이 더 잘 성장할 것이라는 기대를 할 수도 있다. 실제로 이산화탄소의 농도가 높아지면 모든 식물은 아니지만 특정한 식물에서 성장 속도가 빨라진다고 알려져 있다. 하지만 식물의 성장은 이산화탄소뿐만 아니라 강수량, 토양의 수분함량, 토지의 비옥함 등에 영향을 받기 때문에 식물성장에 큰 도움이 되지는 않을 것이라는 의견도 많이 있다. 게다가 지구의 온도가 올라가면 식물의 호흡 속도가 증가하면서 이산화탄소의 배출이 더 많아진다는 점도 고려해야 한다. 그래서 이산화탄소의 농도 증가가 결과적으로 식량생산에 큰 영향을 미치지는 않는 것으로 과학자들은 판단하고 있다. 하지만 이산화탄소의 증가와 기온의 상승이 식물, 특히 농업과 관련된 농작물에 미치는 영양에 대한 연구는 매우 중요한 과제가 되었다. 따라서 지구온난화에 따른 농작물의 성장, 그리고 기타 식물의 성장과 환경에 대한 변화는 지속적으로 연구해야 할 분야이다. 특히 식량 생산은 가난한 나라 국민들의 생존에 매우 밀접하기 때문에 지구온난화와의 상관관계를 정확히 밝히는 것은 매우 중요하다. 이렇듯 이산화탄소는 온실효과를 일으키는 온실가스 역할만 하는 것이 아니라, 식물과 해양 생태계에도 교란을 일으키는 부정적인 요인으로 작용하고 있는 것이다. 그래서 온실효과뿐만 아니라 지구 생태계의 현상 유지를 위해서도 더욱 더 이산화탄소의 방출을 줄이는 노력을 해야 하는 것이다.

- 수증기 되먹임 현상

앞서 지구온난화와 이에 따른 기후변화의 예측은 기후 관련 전문가들이 만든 기후모델에 의해서 예측이 된다고 말했다. 그런데 현재 국제기후협약과 관련한 다양한 연구기관에서 사용하고 있는 수십 가지의 기후모델들이 서로 다른 예측을 하는 상황이 벌어지고 있다. 왜 그럴까? 이산화탄소에 의한 지구온난화와 관련하여 과학자들이 미래 기후를 예측을 하는데 가장 곤욕스러워하는 부분은 지구온난화에 있어서 양의 되먹임(positive feed back)을 어떻게 추정하는가이다. 그래서 이에 대한 설명을

2장. 기후변화

조금 하고자 한다. 우선 용어부터 정리를 하면, 지구온난화와 관련하여 자주 언급이 되는 것이 '양의 되먹임 positive feedback' 그리고 '음의 되먹임 negative feedback'이라는 용어이다. 지구온난화와 연관되는 이 되먹임은 지구온난화를 정확히 이해하고, 미래 기후를 예측하는데 큰 장애물로 작용하고 있는 현상이다. 되먹임 현상은 정성적으로 설명하는데 큰 어려움은 없으나, 지구온난화와 관련된 되먹임의 작용을 정량적인 수학적 모델로 확립하는데 어려움이 있기 때문이다.

되먹임 또는 피드백은 다양한 영역에서 여러 의미로 사용이 되는데 여기서는 지구온난화에 한정해서 이야기하려고 한다. 양의 되먹임은 어떤 결과가 그 원인을 촉진하는 것이고, 음의 되먹임은 어떤 결과가 그 원인을 억제하는 것을 의미한다. 따라서 어떤 현상이 지구온난화를 촉진 또는 가속시키면 그 현상은 지구온난화의 양의 되먹임이 되고, 그 반대로 지구온난화를 억제 또는 감속시키면 음의 되먹임이 된다. 이제 수증기를 예를 들어서 이것이 어떻게 지구온난화를 촉진하는지, 아니면 억제하는지를 살펴보자.

수증기는 물이 기체 상태인 것을 의미한다. 즉 물이 증발하거나 기화를 하면 수증기가 된다. 일반적으로 물의 끓는점은 100℃이므로 수증기는 물이 100℃일 때만 존재하는 것으로 알겠지만, 사실은 낮은 온도에서도 물은 수증기가 될 수 있다. 물이 100℃에서 끓는다는 것은 물을 둘러싼 대기압이 1기압일 경우에만 가능한 이야기다. 하지만 물을 둘러싼 기압이 1기압 미만 일 경우에는 우리는 100℃ 이하에서도 물을 끓게 할 수 있다. 그리고 여기서 물의 끓음과 증발을 설명하겠다. 물을 가열하여 100℃에서 수증기가 되는 것은 물이 끓어서 수증기가 된 것이고, 이런 현상을 '끓음(boiling)'이라고 한다. 한편 물은 항상 수증기가 되려는 경향(액체에서 기체로 되려는 성질)을 가지고 있는데 그런 경향의 크기를 '증기압'이라고 하며 이것은 물의 일

❖ 기후변화와 화석연료 ❖

부가 수증기로 변하는 현상이다. 우리가 알코올을 솜에 묻혀서 피부를 한번 닦으면, 피부에 묻은 알코올이 증발이 되면서 시원함을 느끼고, 피부에 액체 알코올은 더 이상 존재하지 않는다. 이것은 알코올이 '끓어서' 기체로 변한 것이 아니라 (에탄올은 끓는점이 78℃이기 때문에 상온에서 알코올은 끓지 않는다), 알코올의 증기압 때문에 알코올의 일부가 기체로 '증발'한 것이다. 그리고 그 증발과정은 액체에서 기체로 변하는 과정이기 때문에 기화에 필요한 열을 주위에서 얻어야 한다. 즉 알코올이 기체로 증발하기 위해서는 주위의 에너지를 흡수하여야 한다. 그 때문에 우리의 피부는 알코올이 증발하는데 필요한 열(증발잠열이라고 한다)을 제공했기에 순간적으로 온도가 낮아진다. 그래서 우리는 피부가 잠시 시원해졌음을 느끼는 것이다. 그리고 일반적으로 주위의 온도가 올라가면 어떤 액체이든지 증기압도 증가한다. 즉 주위의 온도가 올라갈수록 증발하는 기체의 양이 많아진다는 것이다.

이제 수증기를 예를 들어서 이것이 어떻게 지구온난화를 촉진하는지, 아니면 억제하는지를 살펴보자. 앞서 물의 증기압이란 물이 증발하여 수증기가 되려는 경향의 크기라고 간단히 정의했다. 그리고 대부분의 물질은 온도가 올라가면 증기압이 증가한다고 말했다(하지만 선형적으로 증가하지는 않는다).

이해를 돕기 위해 증기압의 크기를 증발할 수 있는 분자의 개수라고 가정하자. 이제 25℃에서 물의 증기압은 25라 하고 30℃에서 증기압은 30이라고 가정하자. 그리고 우리가 있는 방안에는 물이 절반 채워진 유리컵이 있다고 하자. 그러면 방의 온도가 25℃일 때 이 유리컵에 담긴 물의 표면에서 물 분자 25개가 증발해서 수증기가 될 수 있다. 즉 최대로 증발할 수 있는 물의 분자는 25개가 되는 것이다. 그런데 우리가 방의 온도를 30℃로 올리면 유리컵의 물 분자 중에서 최대 30개는 수증기로 증발할 수 있다는 것이다. 이제 이 현상을 지구에 적용해 보자. 예를 들어 이산화탄소에 의한 온실효과로 여름철 지구의 평균온도가 25℃에서 27℃로 상승했다

2장. 기후변화

고 가정하자. 그러면 바다, 호수, 그리고 강에서 물이 증발하여 수증기가 될 수 있는 물 분자는 25개에서 27개로 추가적으로 2개 더 늘어날 것이다. 그러면 온도 상승에 따라 추가로 증발한 수증기로 인하여 대기권의 수증기 농도도 다소 늘어나게 될 것이다. 그런데 앞서 수증기는 온실가스라고 했다. 따라서 대기권에 존재하는 수증기라는 온실가스가 지구의 온도 상승으로 추가적으로 증가했으니 온실효과는 더욱 커질 것이다. 즉 이산화탄소의 증가가 아니라 수증기의 증가로 온실효과가 촉진되는 것이다. 원래 지구의 온도 상승은 이산화탄소의 온실효과로 발생했는데(25℃ → 27℃), 이런 온도 상승이 수증기의 증가를 가져와서 추가적인 온실효과의 증가를 가져온 것이다. 물론 수증기는 다시 구름으로 변해서 비나 눈의 형태로 지표면으로 돌아오면서 순환은 되지만, 대기권에 머무르는 짧은 기간 동안 온실가스 역할을 하므로 온실효과를 더욱 강하게 촉진할 것이다. 이리하여 지표면의 온도상승으로 인한 추가적인 수증기의 대기권으로의 유입은 추가적인 온실효과를 가져오고, 이것은 다시 지구의 온도를 다시 27℃에서 28℃로 상승시키는 결과를 가져올 것이다. 이렇게 추가적인 수증기 증발로 인한 온실효과로 지표면의 온도가(27℃ → 28℃) 상승했으므로, 이는 다시 물의 증기압이 높아지는 결과(27 → 28)로 이어지게 된다. 그러면 수증기 증가로 인한 추가적인 온실효과로 온도가 상승하면 이는 또 다시 추가적인 수증기의 증발을 가져올 것이다. 즉 온실효과가 점점 더 가속화되는 것이다. 이런 현상을 '수증기의 양의 되먹임'이라고 한다. 여기서 '양의 되먹임'이라는 것은 수증기의 추가적인 증발로 대기권의 수증기 농도가 증가되었고, 그것이 다시 지구의 온도를 올리는 결과를 '촉진'시키는 것을 말한다.

하지만 이와는 반대로 '음의 되먹임' 현상도 있다. 대표적인 것이 우리가 자주 사용하는 스프레이에서 나오는 에어로졸(미세 입자)들이다. 이런 에어로졸이 대기권으로 유입이 되면 에어로졸은 태양 빛을 반사하기 때문에 지구가 받는 태양의 복사에

❖ 기후변화와 화석연료 ❖

너지가 감소하게 된다. 이렇게 되면 지구의 평균온도는 감소하게 되고, 그러면 수증기의 증발도 줄어들기 때문에 지구온난화는 점점 더 억제가 된다. 이 경우 대기권 에어로졸의 증가는 지구온난화를 억제하는 방향으로 진행이 되기 때문에 '에어로졸의 음의 되먹임'이라고 말할 수 있다. 종종 화산이 폭발하여 화산재가 대기권을 뒤덮은 경우가 있는데, 이 경우에도 같은 방식으로 화산재와 같은 미세입자가 음의 되먹임으로 작용하여 지구의 온도가 감소한다. 공룡이 멸망한 원인중의 하나로 추정되는 것이 지구에 소행성이 충돌하여 대기권에 무수한 먼지가 떠다니면서 태양 빛을 반사시켜서 식물이 광합성을 할 수 없게 되고, 태양 복사에너지가 급격하게 감소하면서 지구의 평균온도가 충돌전과 비교하여 15℃ 정도 떨어지는 결과를 가져왔다고 추정한다. 이런 역사적 사실을 통해서 우리는 에어로졸이 지구온난화를 억제하는 음의 되먹임 역할을 한다는 것을 알 수 있다.

한편 앞서 물의 증기압과 물에서 수증기로 변하는 증발과 관련하여 우리에게 익숙한 몇 가지 현상을 이야기하고자 한다.

우리는 방송에서 종종 이런 내용의 기상예보를 듣는다. "오늘 기온은 25℃, 습도는 50%입니다."

여기서 기온(온도)은 쉽게 이해가 되지만 습도는 조금 더 설명이 필요하다. 우선 습도의 정의는 공기 1g에 포함된 수증기의 무게 (g)이다. 따라서 이런 정의에 따르면 습도는 대략 0.02, 0.04 등으로 표시된다. 이런 숫자는 일반인들에게는 전혀 감이 오지 않는다. 그래서 주변의 공기 중에 있는 수증기의 양을 쉽게 이해하기 위해 '상대습도'라는 용어를 사용한다. 상대습도는 %로 표시되며, 그날의 온도에서 증발할 수 있는 최대 물 분자의 분자 개수에 대한 실제 증발된 물 분자의 개수라고 생각하면 된다. 앞서 예를 들었던 것처럼 26℃에서 증발할 수 있는 최대 물 분자의 개수는 26이라고 했다. 그런데 습도가 50%라는 의미는 실제 공기 중에 수증기의 개수는

13개라는 것이다. 즉 우리를 둘러싼 대기 중에 존재하는 수증기분자 수의 상대적인 비율을 보여주는 것이다. 습도가 높다는 것은 당연히 공기 중의 수증기의 양이 많다는 뜻이므로 습도가 높으면 우리는 '꿉꿉하다'고 표현한다. 그리고 한 여름 아침에 공원이나 숲속에 가면 이슬이 맺힌 것을 볼 수 있다. 이것은 밤이 되면 온도가 떨어지므로 물의 증기압 또한 떨어지기 때문이다 (온도 25℃ → 15℃이면 증기압 25 → 15). 그러면 공기 중에 수증기로 있던 물 분자의 일부는 다시 응축되어 액체 상태의 물 분자로 돌아와야 한다(낮에 기체로 있던 25개의 수증기 중에서 밤에는 15개만 수증기로 존재할 수 있으므로, 초과되는 10개의 수증기는 다시 액체 상태가 되어야 한다). 따라서 여름철 일교차가 클수록 당연히 이슬의 양이 많아질 것이다. 한편 이슬이 겨울에는 별로 없는 이유는 여름에 비하여 겨울에는 상대습도가 낮기 때문에 수증기로 존재하고 있는 물 분자의 숫자가 여름철에 비하여 절대적으로 적기 때문이다. 그래서 기상예보에서 이야기하는 '오늘의 습도 50%'는 정확히 표현하면 '오늘의 상대습도는 50%입니다.'라는 뜻이다. 같은 이유로 빨래가 잘 마르는 것은 온도가 아니라 습도 차이 때문이다. 여름보다 겨울에 빨래가 잘 마르는 것은 겨울철에는 상대습도가 낮기 때문에 빨래 속의 물 분자가 수증기로 증발하기가 쉽다. 만일 이런 습도차가 없다면 빨래를 100℃ 이상의 가열기에 넣고, 물의 끓는 점 이상으로 온도를 높여서 빨래 속에 존재하는 액체 상태의 물을 모두 기체로 만들어야 하는 어처구니없는 상황이 벌어지게 될 것이다.

2-4. 기후변화에 영향을 주는 다른 요인들

지구온난화와 기후변화에 관한 앞서의 여러 단편적인 지식은 전체를 살펴보는 통찰력을 발휘하는데 기초 자료가 되는 것이다. 정리하면, 이산화탄소는 지구의 온도에 큰 영향을 미치는 온실효과를 가져오는 대표적인 온실가스이며, 기후는 지구온난화보다는 좀 더 복잡한 요소들의 상호작용으로 만들어지는 현상이다. 이제부터는 지구의 평균온도에 영향을 미치는 다른 요인들을 살펴보기로 하자. 그런데 다음에 살펴볼 여러 요인들은 이산화탄소에 비하여 지구온난화에 미치는 영향이 상대적으로 적고, 불확실성이 존재하고, 포괄적인 정보가 부족한 영역이다. 즉 이산화탄소보다 불확실성이 많이 존재하는 요인들이라는 점을 미리 고려해야 한다는 것이다.

- 빙산의 반사율

태양에서 지구로 오는 태양 복사에너지는 전자기파이다. 그리고 태양에서 복사되는 전자기파는 넓은 영역의 파장으로 이루어진 에너지이다. 이런 넓은 영역의 파장을 가진 에너지는 지구의 대기권으로부터 지표면으로 들어오면서 다양한 물체를 만나게 된다. 태양 빛이 어떤 물체와 접촉하면, 3가지 방식으로 빛의 거동이 바뀐다. 빛은 물체에 반사되거나, 물체를 투과하거나, 물체에 흡수된다. 유리 또는 렌즈는 대부분의 빛을 '투과'한다. 거울은 유리 뒷면이 매우 얇은 은, 수은, 또는 알루미늄으로 박막코팅이 되어 있어서 빛을 '반사'한다. 검은 색 물체는 대부분의 빛을 '흡수'한다. 즉 태양 빛은 지구로 들어오면서 일부는 반사, 투과, 그리고 흡수 된다.

일반적으로 태양 복사에너지의 30%는 지표면, 구름, 그리고 대기권에서 반사되는 것으로 알려져 있다. 태양에서 지구로 방출된 복사에너지 중에서 반사되는 에너지의 비율을 '알베도, albedo'라고 한다. 알베도는 위도와 경도에 따라 다르며, 특히 눈, 얼음, 그리고 구름의 영향을 많이 받는다. 극지방은 눈, 얼음이 많기 때문에 알베도가 높고(반사되는 복사에너지가 많고), 적도 지방은 바다와 숲이 대부분이라 알베도가 낮다(반사되는 에너지가 매우 적다). 이해를 돕기 위해 몇 가지 물체의 알베도를 살펴보면, 깊은 바다는 0.07, 숲은 0.12, 아스팔트는 0.07, 땅은 0.15, 사막은

2장. 기후변화

0.3, 그리고 눈은 0.8 정도이다. 일반적으로 극지방에서는 적도보다 적은 양의 태양 복사에너지가 들어오고, 그마저도 북극이나 남극의 대부분을 구성하는 얼음과 눈 때문에 태양 복사에너지는 대부분 반사되어 적도와 심한 온도 차를 보이는 것이다. 그런데 지구온난화로 극지방의 눈이나 얼음이 녹으면 그것은 물로 변하여 바다로 유입이 될 것이다. 그러면 바닷물의 알베도는 눈이나 얼음보다 매우 적기 때문에(복사에너지를 잘 흡수한다) 극지방의 온도는 얼음이 녹는 것에 비례하여 더욱 올라가게 되고, 그로 인하여 극지방에서 태양복사에너지의 흡수율이 높아지면서 지구온난화는 더욱 촉진될 것이다. 극지방의 눈이나 얼음의 반사율이 높다는 것은 지금까지 지구온난화 방지에 큰 기여를 하고 있었다는 것이다. 그런데 태양 빛을 반사하여 지구의 온도를 낮추는 기능을 하던 극지방의 빙산이 녹는다는 것은 지구온난화의 양의 되먹임이 발생한다는 나쁜 징조인 것이다. 하지만 빙산을 구성하는 얼음의 모양과 빙산의 구조에 따라서 알베도가 변하기 때문에 이에 대한 정확한 연구 또한 필요하다. 그래도 분명한 것은 극지방의 빙산이 녹으면 지구온난화가 가속된다는 것이다. 다만 어느 정도의 속도로 빙산이 녹고, 온난화가 진행이 될지는 아직 미지수라는 것이다.

- 구름

하늘에 떠다니는 구름은 오랫동안 시인과 화가들에게 많은 영감을 주었다. 그런데 이런 낭만적인 구름도 지구온난화와 매우 큰 연관성이 있다. 구름은 강이나 바다, 호수의 물이 증발하여 수증기 형태로 대기권으로 올라가서 서서히 냉각이 되면서 작은 물방울이 뭉쳐지면서 생성된다. 구름은 높이에 따라 모습이 조금 다른데 가장 높은 곳에 존재하는 구름을 상층운, 그리고 그 밑으로 중층운, 하층운, 그리고 수직운 또는 대류운으로 나누어진다. 그런데 이런 구름이 지구온난화와 연관이 깊은 이유는 구름이 태양복사에너지를 반사하거나 지구에서 방출되는 지구복사에너지를 흡수하기 때문이다. 즉 어떤 경우에는 지구의 온도를 낮추는 방향으로 작동하고, 어떤 경우에

❖ 기후변화와 화석연료 ❖

는 지구의 온도를 높이는 방향으로 작동을 한다는 것이다. 구름은 수십억 개의 작은 물방울이 모여 있는 것인데, 물방울의 크기에 따라 태양 빛의 반사율이 달라진다. 흰 구름은 반사율이 크다는 것을 의미하고, 회색 구름은 그에 비하여 반사율이 작다는 것이다. 앞서 빙산에서도 이야기했듯이 구름은 반사율이 높기 때문에 태양 빛을 반사하여 지표면의 온도를 낮추는 역할을 한다. 한여름에 구름이 태양 빛을 가리면 누구나 시원함을 느끼게 되는데 그것은 바로 구름이 태양 빛을 반사한다는 것을 직관적으로 경험하는 것이다. 하지만 수증기는 적외선을 흡수하는 온실가스이기도 하기 때문에 지구가 우주로 방출하는 지구 복사에너지를 흡수하여 지구의 온도를 올리는 역할도 한다. 그래서 구름은 지구온난화와 연관하여 두 개의 얼굴을 가진 것이라 할 수 있다. 그러나 구름의 형상과 구름의 양이 지구온난화와 큰 연관성이 있음에도 불구하고, 지구온난화의 영향에 관한 구름의 역할에 대한 연구는 아직은 매우 부족하다. 현재까지 연구에서 얻어진 믿을만한 정보는 다음과 같다. 높은 고도의 구름은 지구의 복사에너지를 흡수하여 지구의 온난화를 촉진하고, 낮은 고도의 구름은 태양 빛을 반사하여 지구온난화를 억제하는 것으로 알려져 있다. 많은 기후변화 전문가들은 구름이 지구온난화에 미치는 영향이 크다는 점에 동의하고 있다. 아울러 현재 연구 결과는 구름이 기후변화에 미치는 영향에 대하여 우리의 지식이 매우 부족하다는 점 또한 동의하고 있다. 이와 관련하여, 미래의 기후를 예측하는 기후 모델을 세우는데 있어서 가장 큰 불확실성이 구름의 역할이라는 점은 기후모델을 만드는 과학자들이 인정하는 사실이다. 즉 구름이 태양 빛을 반사하거나 지구 복사에너지를 흡수하는 것은 분명한데 과연 언제, 어느 정도로 구름이 생성되거나 소멸되는지는 수학적 방정식으로 묘사하기가 어렵다는 것이다. 가끔 하늘의 구름이 움직이는 모습을 찬찬히 오랫동안 살펴본 사람이라면, 이 말에 동의할 것이다. 이처럼 우리는 자연에 대하여 모르는 것이 많다.

2장. 기후변화

　다음으로는 기후에 큰 영향을 미치는 강우에 대하여 알아보자. 우선 한 가지 반드시 알아야 할 사실은 강우는 구름이 생성되지 않으면 불가능한 현상이라는 것이다. 즉 구름이 없다면 강우는 없다. 그래서 강우에 대하여 알고 싶으면, 우리는 구름에 대하여 더 많이 알아야 한다. 구름이 태양 빛의 반사, 그리고 지구 복사에너지의 흡수를 통하여 지구온난화에 부정적인, 그리고 긍정적인 영향을 미치는 것과는 별개로 구름은 강우라는 현상으로 지구의 온도를 조절하고 있다. 강이나 바다, 호수에서 물이 증발할 때 물은 증발잠열이라는 열에너지를 외부에서 받아야 한다. 이 과정에서 외부(지구 표면)는 물이 수증기로 변하는데 필요한 열을 주는 만큼 지구표면은 냉각이 된다. 이를 통하여 지구 표면의 온도가 낮아지는 효과가 발생한다. 한편 수증기는 상승 기류를 타고 대기권으로 상승하는데, 대기권 위로 갈수록 대기권의 압력이 낮아지기 때문에 수증기는 팽창하면서 온도가 떨어진다. 전문적인 용어로 표현하면 '단열팽창'을 한다. 이것이 대기권의 온도가 지표면보다 낮은 이유이다. 그리하여 충분히 상승한 수증기는 상승기류의 온도가 낮아짐에 따라 수증기가 물방울이나 얼음 알갱이로 바뀌면서 구름이 된다. 이 과정은 증발과정의 반대인 응축과정이며, 이때는 주위에 열을 배출하면서 응축이 이루어진다. 즉 구름의 형성과정은 지표면과 대기권 간의 에너지 교환을 주도하는 것이기 때문에 구름에 대한 포괄적인 연구는 지구온난화와 기후변화를 예측하는데 큰 도움이 될 것이다. 하지만 구름은 매우 예측이 어려운 거동을 보이면서 생성과 소멸을 하고, 지역적으로 다른 모습을 보이고 있다. 게다가 하늘에서 차지하는 구름의 면적이 너무 넓기 때문에 구름에 대한 종합적이고 체계적인 연구가 어려운 실정이다. 결국 지구온난화에 대한 구름의 영향에서 불확실성이 큰 이유는 바로 구름의 존재 방식과 구름의 크기 때문이라고 할 수 있다. 이런 점이 기후변화의 예측을 어렵게 만드는 요인 중 하나라고 할 수 있다. 몇몇 기후변화 회의론을 주장하는 학자들은 구름에 대한 영향을 잘 이해하지 못하면 기후변화 모델에서 예측되는 결과는 모두 큰 불확실성을 가지고 될 수밖에 없다고 한다. 그래서 현재의 기후변화 모델의 예측에 대하여 회의적이라고 말한다.

- 에어로졸

구름이 자연적인 원인으로 태양 빛을 반사하는 물질이라면, 에어로졸이라고 불리는 미세 입자는 인간이 만들어낸 인공적인 태양 빛 반사 물질이다. 에어로졸은 말 그대로 공기 중에 떠있는 액체, 고체 입자를 의미한다. 에어로졸은 알베도, 즉 태양 빛 반사율이 매우 크다. 그래서 지구 대기권에 에어로졸이 많으면 태양 빛 반사로 지표면을 냉각하는 효과가 있다. 대표적인 에어로졸은 화력발전소에서 배출되는 미세입자, 먼지, 연기, 헤어스프레이 그리고 미세 플라스틱 등이다. 비록 이런 물질들이 태양 빛을 반사하여 지구온난화를 억제하는 바람직한 기능이 있다고는 하지만, 이것들 대부분은 우리의 건강을 해치는 유해한 물질들이기 때문에 최대한 배출을 줄여야 한다. 그런데 우리가 이런 인위적인 에어로졸의 배출을 줄이면 줄일수록 에어로졸의 태양 빛 반사 효과가 줄어들기 때문에 지구온난화가 촉진되는 결과를 가져온다는 부정적인 효과도 있다. 따라서 인류가 이런 에어로졸을 대기권으로 배출하지 않았다면 지구온난화는 지금보다 더 심각한 수준이었을 것이라는 이야기이다. 우리가 현재 건강을 지키기 위한 노력(미세먼지 배출 감소, 자동차 매연 감소, 미세 플라스틱 감축, 산불 방지, 금연, 황사방지, 각종 분무기 사용 금지)이 우리의 미래 환경을 위협하는 꼴이 된다는 아이러니이기도 하다. 이래서 지구온난화를 방지하려는 노력이 어려운 도전이라는 것이다. 게다가 에어로졸의 지구온난화 영향을 연구하는데 방해가 되는 점은 에어로졸이 지역적으로 편재가 되어 있고, 그 거동을 예측하는 것이 어렵다는 것이다. 인공위성이 관측한 지구 대기권의 에어로졸 농도 분포를 보면 특히 적도 부근에서 높은 에어로졸 농도를 보이는데 이것은 매연, 연기처럼 대기 정화 시스템이 잘 갖추어지지 않은 아프리카 지역과 일치하기 때문에 이에 대한 대책 또한 필요한 상황이다. 에어로졸은 지구 전체보다는 지역적으로 영향을 미치는 것으로 조사가 되었는데, 이것은 기후변화의 지역적 편향성을 볼 수 있는 좋은 본보기가 되기도 한다.

여기서 우리가 알아야 할 것은 기후변화에 영향을 미치는 요인이 이산화탄소 말고도 많이 존재하고 있으며, 아직 우리가 모르는 것도 있을 수 있고, 비록 연관성은 알고 있다고 해도 정확한 인과관계는 규명이 되지 못한 것이 많다는 것이다. 이런 사실로 미루어볼 때 기후변화를 예측하는 것이 얼마나 어려운 일인지 조금 이해가 될 것이다.

- 밀란코비치 주기

1920년경 세르비아 출신의 토목 공학자이자 수학자인 밀란코비치는 당시 관심이 높았던 빙하시대의 원인에 대한 명쾌한 해석을 보여주는 연구결과를 발표하여 세상을 놀라게 했다. 그의 이론 덕분으로 당시 의견이 분분했던 빙하기와 간빙기의 원인 분석에 대한 가장 합리적인 과학적 설명이 이루어진 것이다. 그의 주장에 따르면, 빙하기는 다음의 3가지 요인에 의하여 형성된다고 했다. 그것은 지구의 공전 궤도 주기, 지구의 자전축 변화 주기, 그리고 지구의자전축 흔들림 주기이다. 이 3가지 요인은 각기 다른 주기를 갖는데, 이것이 일치하는 시기가 빙하기 시기라는 것이다.

첫째로, 지구의 공전궤도는 41,000년을 주기로 원에서 타원으로 바뀐다는 것이며, 그 원인은 목성과 토성의 중력장 때문이라는 것이다. 그래서 지구가 태양과 가장 가까운 근일점과 가장 멀어진 원일점과의 차이에 따른 태양복사에너지의 변화는 약 20% 이상이라는 것이다. 이런 태양복사에너지의 차이가 오랜 기간 축적이 되면서 지구의 온도가 서서히 떨어진다는 것이었다.

둘째로, 지구의 자전축 변화가 96,000년을 주기로 21.5도에서 24.5 도로 변한다

❖ 기후변화와 화석연료 ❖

는 것이다. 우리는 지구의 자전축이 23.5도 라고 알고 있다. 하지만 사실은 대략 10만 년을 주기로 자전축이 3도 정도 변한다는 것이다. 자전축이 변하면 당연히 태양으로부터 받는 복사에너지의 감소 또는 증가가 발생한다. 다만 이런 자전축의 변화 주기가 거의 10만 년을 주기로 변하기 때문에 인류의 과학적 지식이 시작된 시점을 기준으로 고작 수백 년이 지난 시점을 고려하면 우리는 당연히 지구의 자전축이 일정하다고 여길만하다. 자전축의 변화에 따른 태양복사량의 변화 또한 앞서의 공전 궤도 변화와 맞물리면서 그 시기가 일치하면 지구의 냉각이 가속될 수 있다는 것이다.

셋째는 지구 자전축의 흔들림이다. 지구의 자전축은 일정한 게 아니라 마치 팽이가 넘어지기 직전처럼 다소 흔들린다는 것이다. 이런 현상은 태양과 달의 중력 때문이며, 지구가 완전한 원형이 아니기 때문에 발생한다고 그는 주장했다. 그리고 이런 주기가 21,000년이라는 것이다. 즉 지구의 자전축이 자전을 하면서 약간씩 출렁거린다는 것인데, 이런 상황 또한 태양으로부터 받는 복사에너지가 변동하는 요인이 된다는 것이다.

밀란코비치는 이런 3가지 요인 때문에 빙하기는 대략 8만 년~12만 년 주기로 우리에게 찾아올 수 있다고 빙하기의 원인을 설명했다. 현재 지구는 온도가 따듯한 간빙기 시대이고, 이런 상태는 향후 5만 년은 지속될 것으로 전문가들은 예측하고 있다. 따라서 밀란코비치 주기 이론은 현재 우리가 처한 긴박한 지구온난화의 상황에 적용시키기에는 물리적 시간의 차이가 너무 크다. 하지만 기후를 결정하는 여러 자연적인 요인을 이해하고 연구하는데 큰 도움을 주는 것은 분명하다. 그리고 1970년 남극에서 채취한 빙하 코어를 분석하면서 밀란코비치 주기가 증명이 되었다. 필자는 밀란코비치가 1920년에 발표한 논문을 생각하면서, 그 당시 우주와 지구에 대한 측량 기술과 측정 장치가 지금과 비교하면 매우 정교하지 못한 시기였음에도 불구하고 당시 토목공학자인 밀란코비치가 어떤 계산과 통찰을 통해서 이런 사실을 밝혀냈는지 참으로 궁금하기만 하다. 비록 이 연구가 지구온난화와는 직접적인 관계가

2장. 기후변화

없는 빙하기의 출현에 대한 궁금증에서 시작이 되었지만, 결국에는 지구의 기후변화에 대한 연구를 확장하는데 큰 도움이 된 것은 분명하다. 이런 이론을 접하면서 우리가 알지 못하는 곳에서 얼마나 많은 과학자, 공학자들이 평생을 걸쳐서 우리의 궁금증을 해결하고자 노력하고 있는지를 다시 한번 생각하게 되는 계기가 되었다.

- 태양흑점

현재 태양 복사에너지의 크기는 인공위성을 통하여 관측이 된다. 그리고 태양 표면에는 다수의 흑점이 존재하는데, 이것은 자기장의 영향으로 평균 태양 온도보다 낮아지면서 상대적으로 검게 보이는 현상 때문이다. 그리고 중요한 한 가지 사실은 태양 복사는 11년의 주기를 가지고 태양 흑점의 변화를 가져온다. 태양의 어두운 부분인 흑점은 당연히 태양의 밝은 부분에 비하여 낮은 온도를 가지지만, 놀랍게도 복사량은 오히려 크다. 따라서 태양 흑점이 증가한다는 것은 우리의 직관과는 다르게 태양 복사열이 증가한다는 것이다. 이론적으로 계산해 보면 태양 흑점의 변화로 인한 태양복사에너지의 변화량은 대략 0.15% 정도라고 한다. 정확한 태양 복사량은 1978년 이후 인공위성에 의하여 측정이 되고 있다. 태양 흑점 변화에 따른 태양 복사에너지의 변화가 기후에 미치는 영향에 대해서는 오랜 기간 논쟁이 있었지만, 현재로서는 지금의 급격한 지구온난화에는 큰 영향을 미치지 못하는 것으로 결론짓고 있다. 하지만 이 부분도 지구온난화와 연관해서 추가적인 연구가 필요한 영역이라고 생각한다.

이렇듯 지구의 온도를 결정하는 것에는 다양한 자연적 요소가 존재하고 있으며, 이산화탄소의 증가에 의한 지구온난화는 그중에서 대표적으로 인간의 활동에 의한 지구의 온도 변화(온도 상승)를 가져오는 인위적인 요인인 것이다. 그리고 현재 지구의 온난화를 가져오는 가장 큰 요인은 이산화탄소의 배출이라는 것은 대부분의 과학

❖ 기후변화와 화석연료 ❖

자들이 동의하는 내용이다. 문제는 이산화탄소 배출의 증가가 직접적으로 지구온난화를 가져온다는 분명하고 확실한 과학적 설명에도 불구하고 각 나라들이 이산화탄소의 감축에 소극적인 이유는 앞서 이야기한 화석연료의 에너지원으로서의 장점 때문이다. 그리고 다음 장에서 언급하겠지만, 기후변화 회의론자들이 주장하는 내용이 기후관련 정책 결정에 영향을 미치기 때문이다. 특히 미국처럼 기후변화 옹호론과 기후변화 회의론이 첨예하게 대립하고 있는 상황에서는 보수적인 공화당과 진보적인 민주당이 집권할 때마다 화석연료에 대한 모순적인 정책이 나오는 것도 그런 이유에서이다. 지구온난화와 기후변화라는 전 지구적 위기에 대응하는 세계 각국의 상황을 보면, 이산화탄소를 줄여야 한다는 데는 대부분의 나라들이 동의하고 있다고 보면 된다. 다만 새로운 에너지 정책으로의 전환에 대한 속도와 필요한 예산에 대한 부담이 각 나라의 정치적, 경제적 상황에 따라서 다르게 진행이 되고 있는 상황이다. 따라서 각 나라의 이산화탄소 배출 증가속도와 이산화탄소 배출 감축 정책의 실행속도가 우리의 미래 기후를 결정할 것이다.

2-5. 기후변화의 결과

앞에서 지구온난화와 기후변화는 지금과는 다른 형태의 환경의 변화라고 이야기했다. 즉 기후변화는 지구온난화보다는 그 변화의 모습이 예측하기 어렵고, 기후변화에 영향을 미치는 다양한 요인에 대한 연구결과도 부족하다고 했다. 그래서 지구온난화처럼 분명하고도 확고한 과학적 설명이 부족한 실정이라고 말할 수 있다. 그럼에도 불구하고, 지금까지의 연구를 바탕으로 대략적으로 미래의 기후 모습을 예측할 수는 있다.

우선 우리가 미디어에서 가장 많이 접하는 미래 기후변화의 대표적인 모습은 북극의 빙산이나 얼음이 녹는 모습, 북극곰이 조그만 얼음 위에서 위태롭게 서 있는 모습, 그리고 해수면이 상승하여 해안이나 섬 지역 거주지역이 침수되는 모습이다. 이런 자극적인 이미지는 관련 내용에 정확한 과학적 사실을 알지 못하면 매우 충격적인 모습으로 다가온다. 사진은 한 순간을 포착한 것이기 때문에 그것이 얼마나 오랫동안 지속적으로 나타나는 현상인지를 말해주지는 않는다. 앞서 이야기 했듯이 기후는 날씨와 달리 오랜 기간 축적된 현상의 일반화이기 때문에 사진과 같은 순간적인 이미지로 설명하기는 어렵다. 일반적으로 언론이나 미디어는 독자나 시청자들에게 보다 충격적이고 자극적인 내용을 전달함으로서 자신들의 존재 가치를 유지하려는 속성이 있다. 즉 나쁜 소식이 많을수록 자신들의 존재가치와 경제적 가치가 높아진다고 생각한다.

"오늘 하루도 어제와 다름없이 평온하고, 여유로운 하루를 보냈습니다."하는 뉴스는 언론이나 미디어에서는 전혀 다룰 가치가 없는 뉴스가 된다. 물론 미디어가 사회의 부정부패나, 어려운 처지에 처한 사람, 사회의 다양한 갈등 문제를 보도함으로써 사회를 발전시키고, 약자에게 도움을 주고, 사회를 정화하는데 큰 기여를 하는 것을 부정하지는 않는다. 다만 최근의 환경이슈나 기후변화를 지나치게 과장되게 보도하여 사람들에게 두려움이나 공포심을 조장하지는 말아야 한다는 것이다. 미디어의 영향력은 과거보다 점점 커지고 있고, 최근에는 신문, 방송 등등 전통적인 미디어와 새로 나타나는 다양한 SNS의 발달로 잘못된 정보가 걷잡을 수 없을 정도로 확대 재생산되기 때문이다.

"거짓말은 날개를 달고 날아가고, 진실은 쩔뚝거리며 쫓아간다"는 말이 있다. 이처럼 가짜뉴스 또는 과장된 정보는 생각보다 사회에 미치는 영향이 크고, 가장 큰

❖ **기후변화와 화석연료** ❖

문제는 나중에 올바른 정보로 정정하기가 매우 힘들다는 것이다. 그래서 우리는 이런 점을 감안하면서 미디어에서 제공하는 정보를 비판적으로 받아들여야 하고, 가능하면 사실의 확인을 위한 추가적인 노력을 해야만 기후변화 관련 가짜뉴스에 속지 않을 수 있다.

앞서 기후변화의 가장 두드러진 모습으로 해수면 상승을 예로 들었는데, 이제 미래 기후변화의 다양한 모습을 살펴보기로 하자. 전문가들이 주장하는 대표적인 기후변화의 모습은 강수량의 변화이다. 전문가들은 기후변화로 인하여 지금보다 극심한 강수량의 편차를 볼 것이라고 주장한다. 그래서 어떤 지역은 극심한 가뭄에 시달리고, 어떤 지역은 홍수나 폭우로 고통을 받는다는 것이다. 지구온난화는 대기권과 해양에서의 에너지의 양이 과거보다 증가했다는 것을 의미한다. 그렇게 되면 호수나 강, 그리고 바다에서 증발되는 수증기의 양이 증가하고 이것은 강수량의 증가로 이어진다는 것이다. 그래서 홍수나 폭우가 내릴 확률이 증가한다는 점이다. 2002~2003년 유럽의 기상 자료를 보면 2002년에는 강수량이 증가해서 홍수와 폭우가 내렸는데, 2003년에는 지독한 가뭄이 왔다는 것이다. 특히 강수의 특징은 과거보다 비 오는 횟수는 줄었는데, 강수량은 크게 증가했다는 것이다. 즉 한번 비가 오면 많이 오고 안 올 때는 전혀 비가 오지 않는다는 것이다. 게다가 가뭄 또한 강수량이 매우 적은 시기에 발생하는데, 이런 날씨에서는 지표면의 온도가 높아지면서 땅속 수분의 양이 감소하기 때문에 가뭄을 겪을 확률이 더욱 높아진다는 것이다. 즉 지구온난화로 지구의 전체 에너지가 증가하면 극단적인 기상상황이 발생할 수 있다는 것이다. 그래서 과학자들은 비록 직접적인 인과관계는 아직 확인할 수 없지만, 지구온난화 말고는 이런 기상이변을 달리 설명할 방법이 없다고 한다.

또 다른 기후변화의 모습은 산불과 해충의 빈번한 발생이라고 말한다. 즉 숲이 고온건조한 상태가 되면 산불 발생의 확률이 높아지는데 지구온난화로 산불 발생이

2장. 기후변화

용이한 조건으로 기후가 바뀌고 있다는 설명이다. 특히 미국, 캐나다, 오스트레일리아처럼 산림이 우거진 지역에서는 대형 산불의 발생 빈도가 높아진다는 것이다. 또한 지구온난화로 온도가 올라가면 지카 바이러스, 뎅기열 같은 질병을 일으키는 해충들의 서식지가 증가하고, 해충에 의한 질병의 확산속도가 빨라진다는 것이다. 특히 이런 해충으로 인하여 농업 생산량이 감소하는 것을 크게 걱정하고 있는 것이다.

그리고 기후변화의 또 다른 결과는 식수의 공급에 문제를 일으킬 수 있다는 점이다. 미국 중부나 히말라야 인근의 국가들은 높은 산에 쌓인 눈이 봄이 되어 녹은 물을 식수로 사용하는데 지구온난화로 겨울철에 산에 쌓인 눈이나 빙하의 양이 부족하면 산 밑에 살고 있는 주민들의 식수가 부족하게 되는 결과를 가져온다는 것이다. 전 세계 인구의 1/6 정도는 고산지역에 쌓인 빙하나 눈이 녹은 물에 의지하여 살고 있는데, 이것이 부족하게 되면 물 부족사태로 식수부족과 식량생산 감소가 발생할 수 있고, 이것은 결국 심각한 사회문제로 발전한다는 것이다. 마지막으로 해수면 상승에 따른 2차적인 문제가 발생하다는 것이다. 해수면 상승으로 해안지역이나 섬 지역 주민들이 주거지를 잃게 되면, 필연적으로 인구의 이동이 발생하는데 특히 유럽이나 방글라데시처럼 인구 밀도가 높은 지역의 주민들이 주거지를 잃고 새로운 지역으로 이주를 할 때 여러 가지 사회적 문제가 발생할 수 있다는 것이다. 즉 도시의 과밀화, 의료보건의 부담, 주택 및 교육의 추가적 부담, 폭력 및 소요사태의 발생, 그리고 인종 및 종교적 갈등 같은 문제들이 등장할 것이라는 것이다.

여기서는 미래에 우리가 처할 기후변화와 그로 인한 다양한 결과를 간략하게 예측을 해 보았다. 이런 예측 결과는 우리를 암울하게 하고, 두려움과 절망으로 빠지게 할지 모른다. 하지만 앞서 이야기한 대로 미래의 기후변화 예측은 지구의 복잡한 생태계를 고려할 때 아직까지는 정확한 예측은 어렵다. 그리고 인간은 수만 년 동안 환경에 놀랍도록 잘 적응하는 능력을 보여주었다. 그래서 개인적인 의견으로는 이

❖ 기후변화와 화석연료 ❖

런 극심한 기후변화의 결과는 당장 닥칠 위기는 아니라고 판단하고, 또한 인간의 적응력으로 어느 정도 극복할 것이라고 생각한다.

여기서 잠깐 기후변화와 관련된 미디어의 편파적이고 과장된 보도를 한번 생각해보자. 앞서 생존 위기에 빠진 북극곰의 모습을 우리는 미디어를 통해서 자주 보아왔다. 그런데 남극에 사는 펭귄에 대한 보도는 거의 없다. 왜 미디어가 남극과 남극에 사는 펭귄에는 관심을 가지지 않을까? 남극에는 빙하가 녹아서 펭귄이 생존의 위협에 빠지는 일이 없기 때문이다.

또한 전 세계적으로 산불이 많이 발생하고, 피해가 크다는 보도 또한 익숙한 내용이다. 하지만 산불의 대부분은 지구온난화가 아니라 방화나 인간의 부주의가 주요 원인이다. 물론 지구온난화로 산불이 쉽게 발생하는 여건이 제공되기는 했지만 말이다.

해수면 상승 또한 여러 요인이 존재한다. 주변의 공사, 지형적 변화, 측정의 불확실성이 지구온난화 못지않은 해수면 상승의 원인이 되고 있다.

마지막으로 미래를 예측하는 것이 얼마나 어렵고 오류가 많은지를 보여주는 예를 하나 들어보자. 우리는 영화 '오펜하이머'를 통해서 원자폭탄과 원자력의 평화적 이용에 대한 내용을 알게 되었다. 1942년 시카고 대학 운동장 지하실의 연구용 원자로에서 핵분열 연쇄반응을 지속시킴으로서 최초의 원자력 발전이 시작되었다. 그 후 1954년 미국 웨스팅하우스사에서 상업용 원자로를 개발하여 상업 운전을 시작했다. 당시 일본에 투하된 원자폭탄의 공포로 대중은 새로운 에너지원인 원자력에 매우 비판적이었다. 미국 정부는 이런 부정적인 이미지를 개선하고자 원자력의 평화적 이용의 한 가지 방편으로 원자력 발전소가 세워지면서 대중은 원자력 발전에 긍정적인 평가를 하기 시작했다. 특히 화력 발전소에 비하여 저렴한 비용, 깨끗한 배출가스의 장점이 가장 주목을 받았다. 그래서 원자력은 미래의 에너지원으로 가장 촉망받는

2장. 기후변화

기술이 되었다. 당시 대다수의 에너지 전문가들은 향후 30년 이내에 전 세계가 필요로 하는 전기는 100% 원자력으로 생산 될 것이라고 예상했다. 하지만 현실은 어떻게 되었나? 우리가 잘 알다시피 당시 전문가들의 예상은 보기 좋게 빗나갔다. 여기에는 여러 의견이 있을 수 있지만, 가장 큰 요인으로는 3번의 원자력 발전소 사고를 들 수 있다. 원자력 발전소 사고는 원자폭탄과 연관되는 방사능 유출이라는 공포가 대중의 뇌리에 강하게 인식되고 있기 때문에 큰 인명피해도 없고, 장기간의 관찰로 방사능에 의한 여러 질병이 보고되지 않았음에도 대중들이 한번 가지고 있던 원자력의 부정적인 이미지는 바뀌지 않았다. 1945년에 고착된 원자폭탄의 공포는 어떤 과학적 설명도 대중의 공포심을 없애주지 못했다. 오늘날 방사능 물질의 인체에 대한 피해를 임상실험으로 확인할 수는 없다. 인도주의적 차원에서 인체에 대한 실험은 불가능하기 때문이다. 하지만 과거의 역사에서 방사능이 인체에 미치는 피해를 가장 적나라하게 보여주는 인물이 한 명 있다. 우리가 잘 알고 있는 마리 퀴리 부인이다. 그녀의 일생은 오로지 방사성 물질의 연구로 점철되었다. 폴로늄과 라듐이라는 새로운 방사선 물질을 발견하여 1903년 노벨 물리학상을 받았고, 1911년에는 순수한 라듐을 추출한 공로로 노벨 화학상을 받았다. 그녀의 방사선 물질 연구는 1897년에 시작하여 1934년 백혈병으로 죽을 때까지 계속되었다. 이런 역사로 볼 때 마리퀴리 부인은 아마도 방사선에 가장 많이, 그리고 가장 오랫동안 노출된 사람이라고 할 수 있다. 사실 당시에는 방사능의 인체에 대한 피해를 잘 몰라서 어떤 방호장비도 없이 실험을 했다. 그녀는 방사성 물질이 포함된 광석을 실험실에 쌓아놓고, 다양한 실험을 꾸준히 했다. 결국 자신도 모르게 매일 매일 다량의 방사능에 오랫동안 노출된 것이다. 말년의 퀴리 부인은 시력이 약해지고, 귀가 나빠지는 상황에 이르자 혹시 라듐이 이런 질병과 관련이 있는지 의심하는 편지를 동료에게 보내기도 했다. 결국 마리퀴리 부인은 백혈병으로 67세에 세상을 떠나게 된다. 그녀는 오랫동안 축적된 방사능의 영향으로 노년에 힘겹게 육체적 고통 속에서 살았지만, 우리가 상상하는 흉

❖ **기후변화와 화석연료** ❖

물스런 모습이나 이른 죽음을 맞이한 것은 아니다. 현재 방사능 피폭의 가장 대표적인 질병은 백혈병으로 알려져 있다. 그리고 그녀는 백혈병으로 죽었다. 따라서 그녀의 죽음은 방사능 물질에 의한 것이 분명하다. 그러면 여기서 하나의 의문이 생긴다. 우리가 걱정하는 방사능에 의한 태아의 기형과 같은 돌연변이가 나타났을까? 하지만 그 기간 동안 그가 낳은 두 딸은 방사능에 의한 돌연변이 없이 잘 성장했다. 첫째 딸은 1935년 노벨화학상을 수상했고, 둘째 딸은 1965년 노벨평화상을 받았고, 게다가 102세까지 살았다. 이런 역사적 사실에서 알 수 있듯이 방사능이 인체에 미치는 피해는 분명하지만 우리의 상상만큼 끔찍한 것은 아닐 수도 있다는 것이다.

인류는 지금부터 20-50년 후의 지구의 변화된 기후를 예측하고 두려워하고 있다. 그리고 많은 기후 전문가들이 지구의 미래 기후를 매우 부정적으로 예언하고 있다. 오늘날 과학기술이 날로 발전하고 있기는 하지만 기후 측면에서는 미래의 기후변화를 정확하게 예측할 수 있는 수준은 아니라고 생각한다.

우리는 불안한 미래를 대비해야 하겠지만 지나친 과장이나, 공포 그리고 두려움을 가지지는 않았으면 한다. 기후변화를 원자폭탄의 공포와 같은 이미지로 만들어서는 안 된다는 것이다.

기후변화는 명확한 증거와 정확한 과학적 설명이 가능할 때 까지는 너무 민감하게 반응하지 말아야 한다. 인간의 멸종이니, 불타는 지구 같은 표현은 너무 과하다는 생각이다. 우리가 지금 해야 할 것은 화석연료의 사용을 줄이고, 신재생에너지로의 전환을 가속화하고, 여러 가지 인센티브를 고려한 에너지 정책으로 에너지 사용을 줄이는 방안을 지속적이고, 꾸준히 시행해야 한다는 것이다. 즉 지금의 경제와 에너지 상황에서 우리가 지속가능하게 실천할 수 있는 노력과 방안을 실행하면서 새로운 기후변화에 적응할 수 있는 내구성을 길러야 한다고 생각한다.

3장 화석연료와 기후변화

3-1. 화석연료와 인류

앞에서 지구온난화의 주범인 이산화탄소를 급격하게 줄이거나 사용을 금지하는 것은 현실적으로 많은 어려움을 갖고 있다고 말했다. 그래서 여기서는 이산화탄소 배출의 원인이 되는 화석연료에 대하여 좀 더 자세히 살펴보도록 하자. 이를 통해서 화석연료가 왜 현대 산업사회를 지탱하는 핵심적인 자원이고, 이를 급격하게 줄이는 것이 왜 어려운지를 이해하게 될 것이다.

화석연료는 말 그대로 지구상에 존재하고 있던 동물이나 식물이 죽어 땅 밑에 오랜 기간 갇혀 있으면서 서서히 그 형태가 변해서 생긴 화석인데, 그것들은 대부분 탄소와 수소로 이루어져 있다. 그래서 그런 화석을 탄화수소라고 부른다. 인류는 오랫동안 땅속에 묻혀있던 화석을 채굴해서 연료로 사용하게 된 것이다. 그리하여 석탄으로 시작한 화석연료는 점차 석유, 천연가스로 확대되어 인류 발전의 동력으로 이용된 것이다. 그것의 시초는 영국에서 발명한 증기기관을 바탕으로 시작한 산업혁명이며, 이후 인류는 화석연료를 사용하는 동력을 이용하여 눈부신 문명의 발전을

❖ 기후변화와 화석연료 ❖

가져왔다. 동력의 사용으로 인간의 생활수준은 비약적인 발전을 가져온 것이다.

　화석연료는 크게 석탄, 석유 그리고 천연가스로 나뉜다. 석탄은 대부분 화력발전소에서 전기를 만드는데 사용이 되고, 석유는 자동차, 선박, 비행기의 운송용 연료로 사용이 된다. 천연가스는 가정의 난방과 취사에 주로 사용이 된다. 잘 알다시피 석탄은 고체이고, 석유는 액체, 그리고 천연가스는 기체이다. 석탄은 고체라서 기차나 배, 그리고 트럭으로 운송하고, 싣고, 내리는데 불편이 따르고 연소과정에서 나오는 재, 그리고 오염물질을 처리하는데 어려움이 있다. 특히 최근에 석탄 화력발전소에서 배출되는 배기가스에 포함된 미세먼지는 우리의 건강을 위협하는 환경오염 물질이기도 하다.

　한편, 천연가스는 석유나 석탄보다 오염 물질은 적지만, 기체이기 때문에 생산하는 곳에서 소비하는 곳까지의 운송을 위해서는 반드시 압축을 통해 부피를 줄여야만 한다. 그렇지 않으면 에너지 밀도가 너무 낮아서 에너지로서의 가치가 많이 떨어지게 된다. 그래서 천연가스는 고압으로 압축을 해서 부피를 많이 줄인 후에 이송이 된다. 따라서 천연가스를 대규모로 사용하기 위해서는 대규모의 압축기가 필요하다. 게다가 압축된 천연가스를 담아둘 특수한 용기가 또한 필요하다. 즉 높은 압력을 견딜 수 있는 압력용기가 필요한 것이다. 간혹 우리가 타는 LPG 택시 뒷 트렁크에 커다란 압축용기를 본 적이 있을 것이다. LPG 택시는 휘발유 대신 LPG 가스를 압축해서 사용한다. LPG 가스는 천연가스가 아니라 프로판과 부탄의 혼합물이다. 앞서 천연가스는 주로 가정에서 사용이 된다고 했지만, 2000년부터는 도심 대기질 개선의 일환으로 디젤버스 대신 천연가스 버스가 등장을 하면서 천연가스는 버스의 연료로도 사용되고 있다. 천연가스 버스 또한 압축된 천연가스를 잡아두는 압력용기가 필요하다. 천연가스 버스의 압력용기는 안전을 위하여 버스 바닥에 있기 때문에 대중의 눈에는 띄지 않는다. 그래서 천연가스가 실제로 버스 연료로 사용됨에도 잘 눈치

3장. 화석연료와 기후변화

채지 못하는 것이다. 천연가스를 버스 연료로 사용하려면 고압의 압축설비와 고압에 견디는 용기가 있어야 한다. 그리고 천연가스는 고압 용기를 갖춘 특수한 용도의 트럭이나, 배, 그리고 파이프라인을 통해서만 이송이 가능하다. 즉 천연가스를 사용하기 위해서는 부가적인 설비가 많이 필요하다는 것이다, 그래서 상대적으로 석유보다 이송에 필요한 고압용 설비가 많이 필요하며, 이런 이유로 천연가스가 석유보다 비용이 많이 든다는 것이다. 반면 석유는 단위 부피당 에너지 밀도가 가장 높고, 저장 용기에 넣거나 파이프를 통해서 운송할 경우에도 석탄이나 천연가스에 비하여 압축기나 특수 압력용기가 필요하지 않기 때문에 손쉽게 이송작업을 할 수 있다. 석유는 배나 기차, 트럭, 그리고 파이프라인을 이용한 이송이 쉬운 물질이다. 그리고 석유의 이송에는 값싼 펌프 하나면 충분하다. 이런 유통의 편리함이 사람들의 선호를 가져오게 된 것이다. 그래서 석유는 자동차 연료로 사용하기에 가장 적합한 화석연료이다. 우리 주위에 영업용 자동차 연료인 LPG 충전소가 드문 이유도 바로 이러한 압축된 가스의 유통이 어렵기 때문이다.

물론 석유를 화력발전소의 발전 연료로 사용할 수도 있지만, 화력발전은 석탄을 사용하는 것이 원료 가격 측면에서 경제적이다. 최근 석탄에 비하여 이산화탄소의 배출이 적고, 황산화물, 미세먼지의 배출이 적은 천연가스 화력 발전소가 석탄화력발전소를 대체하는 추세이긴 하지만 천연가스는 석탄에 비하여 가격이 비싸고, 더구나 가격 변동성이 석탄보다 크기 때문에 천연가스 화력발전으로 바꾸는 것은 경제성보다는 환경을 우선 먼저 생각하는 정책이라고 할 수 있다. 그런데 자동차로 대표되는 내연기관 또한 이산화탄소의 배출이 많고, 각종 오염물질을 배출함에도 불구하고 가솔린이나 디젤을 천연가스로 교체하지 못하는 이유는 바로 앞서 이야기한 천연가스의 낮은 에너지 밀도 때문이다.

앞서 화석연료의 특징에 대하여 알아보았으니, 이제는 화석연료에서 가장 중요한

❖ **기후변화와 화석연료** ❖

연료로 여겨지는 석유에 대해 좀 더 알아보자. 화석연료를 태워서 전기를 생산하는 화력발전은 석탄, 석유, 그리고 천연가스 모두를 원료로 사용할 수 있다. 물론 가격 측면에서 석탄이 선호되지만 원료의 수급에 문제가 있을 때에는 언제나 다른 연료로의 대체가 가능하다. 또한 가정의 난방, 온수, 그리고 취사에 필요한 화석에너지 또한 석탄, 석유, 천연가스 모두 가능하다. 과거 60년대와 70년대에 대부분의 학교 난방은 석탄 난로를 사용했고, 그 후로는 석유난로로 난방을 했다. 즉 열이 필요한 경우에는 어떤 종류의 화석연료이든 열 공급에는 문제가 없다는 것이다. 그런데 자동차 연료만큼은 다른 연료로 대체가 가능하지 않다는데 문제가 있다. 즉 석탄이나 천연가스는 자동차 연료의 대용품이 될 수 없다는 것이다. 결론적으로 자동차(내연기관 자동차)에 필요한 화석연료는 액체 상태인 가솔린, 디젤 이외에는 대안이 없다는 것이다. 그래서 화석연료의 부족은 항상 석유의 부족 특히 자동차 연료인 가솔린, 디젤의 부족을 의미한다고 할 수 있다. 우리가 '오일 쇼크'라고 부르는 1973년과 1978년의 유가 변동은 모두 자동차에 공급되는 석유의 공급 부족으로 발생한 것이다. 두 번에 걸친 오일 쇼크는 전 세계에 엄청난 경제적 위기를 가져왔다. 석유의 부족은 같은 화석연료인 석탄이나 천연가스의 부족과는 질이 다른 것이었다. 두 번의 오일 쇼크 이후 대부분의 교통수단을 승용차에 의존하고 있던 나라들은 자동차 연료 부족이라는 에너지 위기에 대비하기 위해서 석유의 확보에 혈안이 되었다. 특히 유럽이나 미국같이 생활수준이 높은 나라는 자동차에 대한 의존도가 매우 높기 때문에 석유의 확보는 더욱 민감한 국가의 주요 의제가 되었다. 그래서 한때는 석유를 석탄이나 천연가스에서 화학적 변화를 통하여 생산하려는 연구가 전 세계적으로 폭발적으로 이루어졌지만 대부분의 연구는 경제성 때문에 실패하였다. 우리나라 또한 1988년 '대체에너지개발촉진법'을 만들어 화석연료의 수요(특히 석유)를 줄이려는 노력을 하였으나 성공을 거두지는 못했다. 앞서 이야기했듯이 석유가 가지는 장점을 갖추면서 경제성을 가진 다른 에너지원을 찾는 것이 어려웠기 때문이었다. 한마디로 말해서 석유의 성능과 가격, 간편성에 비교할 만한 대체에너지의 개발이 이루어지지 못한 것이다. 그래서 석유를 완벽한 화석연료라고 하는 것이다. 이상으로 간략하게 화석연료의 종류와 특징에 대하여 알아보았다.

지금 돌이켜보면, 두 번의 '오일쇼크'는 모든 나라에게 석유부족에 대한 경각심과 석유가 경제에 미치는 파급력을 여실히 보여준 사건이었다. 그래서 그 이후로 태양광, 풍력, 그리고 전기자동차의 등장을 가져온 계기가 되었다고 생각한다. 그럼에도 불구하고 화석연료는 우리 생활과 산업에 너무 긴밀하게 연관이 있어서 이것을 쉽사리 포기하기는 어렵다. 다음으로는 화석연료와 이산화탄소 배출 관계를 알아보자. 그래서 어느 영역에서 이산화탄소 배출 감축이 가능한지를 살펴보자.

3-2. 화석연료와 이산화탄소 배출

이제부터는 대기권의 이산화탄소 축적에 가장 많은 영향을 주는 화석연료의 사용에 대하여 알아보자. 즉 이산화탄소를 많이 발생시키는 산업이나 소비처를 알아보는 것이다. 그래서 이것을 대체할 수 있는, 즉 이산화탄소의 발생 없이 같은 결과를 얻을 수 있는 방법을 찾아내기만 하면 우리는 이산화탄소 배출에 따른 지구온난화를 더 이상 걱정하지 않아도 될 것이다. 그러면 우리가 두려워하는 기후변화 또한 일어나지 않을 것이기 때문이다.

- 석탄 화력 발전소

우리가 여러 언론 매체에서 보는 환경문제, 그리고 지구온난화 문제를 이야기할 때 가장 많이 보는 광경이 석탄 화력 발전소 굴뚝에서 뿜어 나오는 검은 연기일 것

❖ 기후변화와 화석연료 ❖

이다. 이런 이미지는 대중에게 아주 부정적인 인식을 주며, 화석연료 사용에 대한 부적절한 인식을 심어주는 것이 된다. 하지만 굴뚝에서 나오는 검은 연기의 실상은 조금 다르다. 화력발전소 굴뚝의 검은 연기는 항상 나오는 것도 아니고 가끔 연소 환경이 바뀌거나, 수리 보수를 위하여 발전소를 잠시 정지하거나 재가동 할 때 나올 수 있다. 게다가 대부분의 화력발전소의 굴뚝으로 배출되는 배기가스는 대부분 정화 장치를 거치기 때문에 환경오염 물질인 황산화물, 질소 산화물은 거의 제거가 되고 미세한 입자인 석탄재의 일부와 연소 부산물인 이산화탄소가 배출이 된다. 그래서 보이는 것보다는 비교적 잘 정화된 배기가스가 굴뚝에서 나오는 것이다. 게다가 지구온난화가 언론에 자주 언급이 되면서 환경에 나쁜 것으로 인식되고 있는 이산화탄소는 우리의 건강에 직접적으로 나쁜 영향을 주는 해로운 화학물질은 아니다. 우리가 아이스크림 가게에서 흔히 보는 흰색 고체인 드라이아이스가 바로 고체 상태의 이산화탄소이다. 이산화탄소는 우리가 먹는 아이스크림의 냉각을 위해서 아이스크림과 함께 용기에 들어가는 물질이다. 그만큼 인체의 건강과는 무해한 물질이다. 그리고 우리가 TV에서 가수가 무대에서 노래할 때 무대 연출을 위하여 종종 흰 연기가 무대 밑에서 나오는 것을 볼 수 있는데, 이것 또한 고체의 드라이아이스가 기체로 변화하는 것일 뿐이다. 이런 예에서 보듯이 이산화탄소는 우리에게 직접적으로는 무해한 물질이다. 그리고 화력발전소에서 배출되는 연기는 과거보다 많이 정화되고 환경 피해도 적지만 아직도 우리의 환경과 건강을 위협하는 상징으로 우리에게 오랫동안 각인되어 왔다. 이런 부정적 이미지는 쉽게 바뀌지 않는데, 화석연료에 대한 이런 부정적 이미지는 원자력 발전소와 지구온난화에도 유사하게 작용하고 있다. 그래서 좀 더 과학적인 자료를 바탕으로 현상을 정확히 인식하는 노력이 필요한 시점이라고 생각한다. 반복해서 이야기하지만, 기후변화는 신념이나 정치의 문제가 아니라 과학적, 공학적 문제이며, 해결책 또한 과학과 공학에서 나온다.

3장. 화석연료와 기후변화

이제 본론으로 들어가서 지구온난화의 문제가 되는 이산화탄소를 많이 배출하는 곳으로 알려진 화력발전소에 대하여 알아보도록 하자. 화력발전소는 크게 석탄 화력 발전소와 가스 화력 발전소로 나누어 볼 수 있다. 화력발전소는 화석연료를 태워서 전기를 발생하는 곳이다. 말 그대로 석탄화력발전소는 연료로 석탄을 사용하고, 가스 화력발전소는 천연가스를 연료로 사용하는 것이다. 화석연료에는 석탄, 석유, 천연가스가 있지만 석탄은 가격도 저렴하고, 세계적인 경제 변동이 발생해도 가격 변동이 미미할 뿐만 아니라 모든 나라에서 생산되기 때문에 화력발전소에서 가장 선호하는 연료다. 과거에는 천연가스를 가정용 난방이나 취사, 온수에 사용했고 화력발전소 연료로는 사용을 하지 않았다. 그런데 최근 석탄 화력 발전소에서 배출되는 이산화탄소의 양이 급증하면서 이산화탄소의 배출을 줄일 수 있는 대체 연료로서 천연가스가 주목받기 시작한 것이다. 왜냐하면 같은 양의 전기를 생산할 때 천연가스가 연소하면서 방출하는 이산화탄소의 양은 석탄을 연소할 때 나오는 이산화탄소 양의 절반 정도이기 때문이다. 따라서 천연가스는 석탄화력발전의 대체 연료로서 충분한 가치가 있는 것이다. 게다가 미국의 셰일가스 발견으로 천연가스의 가격이 저렴해지면서 석탄화력 대신 천연가스 화력이 주목을 받게 된 것이다. 또한 석탄화력은 최근 문제가 되고 있는 미세먼지도 천연가스보다 많이 배출되기 때문에 온실가스 문제와 미세먼지 문제를 고려하면 당연히 천연가스 발전이 매력적일 수밖에 없다. 그렇지만 천연가스 화력에도 단점은 많이 있다. 비록 천연가스 가격이 저렴해지고 있기는 하지만 발전 단가에 큰 비중을 차지하고 있는 가격과 아울러 높은 가격 변동성이 문제가 되고 있다. 천연가스의 높은 가격 변동성은 최근 벌어진 우크라이나-러시아 전쟁으로 인한 러시아의 천연가스 공급 감축에서 잘 볼 수 있다. 전쟁 초기에 러시아는 경제적, 정치적, 군사적 이유로 유럽으로 공급하는 천연가스의 공급을 약 50% 정도 줄였는데, 대부분의 천연가스를 난방에 사용하는 유럽에서 천연가스의 가격은 3~10배 정도 폭등하였다. 이런 천연가스 가격의 폭등은 유럽 경제에 엄청난 파급효과를 가

❖ 기후변화와 화석연료 ❖

져왔다. 최근 유럽에서 벌어진 천연가스 부족 사태에서 볼 수 있듯이 천연가스는 지역적으로 편재된 자원이기 때문에 항상 가격변동의 위험이 큰 화석연료이다. 한마디로 가격이 안정되지 못한 연료라는 것이다. 그래서 전 세계 화력발전소의 80% 정도는 아직도 석탄을 연료로 사용하고 있는 실정이다. 결국 환경문제가 심각하다고는 하지만 그래도 경제적인 측면을 고려하면 석탄 화력이 천연가스 발전보다 우선순위가 된다. 게다가 화력발전소는 사용수명이 30~40년이나 되고, 수리와 개조를 통해서 발전소의 수명을 연장할 수 있는 경제성이 있기 때문에 과거에 건설된 석탄 화력 발전소를 환경오염과 이산화탄소 방출을 이유로 일시에 가스화력 발전소로 바꾸기는 현실적으로 어렵다. 앞서 언급했듯이 2022년 봄에 벌어진 러시아와 우크라이나 전쟁으로 러시아가 유럽으로 공급하던 천연가스의 공급을 크게 감축하면서 유럽은 심각한 에너지 문제에 봉착하게 되었다. 전쟁으로 인한 정치적, 군사적 문제가 에너지 문제로 옮겨가면서 유럽은 한때 심각한 에너지 위기에 빠져들게 되었다. 다행히 미국과 중동에서 긴급하게 천연가스를 공급하여 위기는 넘겼지만 아직도 천연가스 부족이라는 불씨는 남아있다. 천연가스는 석탄보다 환경오염이 적고, 이산화탄소를 상대적으로 적게 배출하는 우수한 품질의 연료이지만, 석탄처럼 대부분의 나라가 가지고 있는 자원이 아니라 특정한 국가에게 의존해야 하는 지역적 편중이 심한 연료이기 때문에 천연가스를 주요 에너지원으로 결정할 때는 신중한 정치적, 군사적 상황 검토가 필요한 것이다. 러시아의 천연가스 공급 중단과 같은 일이 자주 벌어지게 되면 대부분의 국가는 에너지 자원 확보의 안정성을 고려해야 하기 때문에 결국에는 원자력, 석탄, 그리고 신재생에너지 등 모든 에너지 자원을 다시 고려할 것이다. 또한 위험부담이 큰 러시아 가스를 대체하기 위해 카타르나 미국에서 천연가스를 수입할 것이고, 이 경우에는 배로 천연가스를 수입해야 하기 때문에 수입 항구에는 천연가스 터미널 건설이 필요하게 된다. 이렇게 되면 유럽에서 벌어지는 전쟁과 아무 상관없는 우리나라에도 불똥이 떨어진다. 천연가스도, 발전용 석탄도 없는 우리나라는 전

3장. 화석연료와 기후변화

세계적인 천연가스 수급의 문제로 화력발전과 난방에 필요한 에너지 자원을 구하는 데 더욱 큰 어려움을 겪게 되는 것이다. 결국 이런 정치적, 경제적 이유 때문에 청정에너지원인 천연가스를 사용하는 화력발전의 비용은 높아질 것이며, 우리로서는 미래의 발전소 건설에서 고민이 하나 더 추가되는 셈이다. 높은 천연가스 가격을 수용하면서 낮은 전기요금을 유지하는 것은 불가능하기 때문이다. 잘 알다시피 우리나라는 지속적으로 전기수요가 증가하는 대표적인 나라이다. 그런데 발전에 필요한 연료의 가격이 오르면 국민들은 기후변화보다는 전기료 인상에 신경을 더 쓰게 된다. 전기료는 가깝고, 기후변화는 멀리 있다.

이제 우리나라에서 가장 많이 운영되고 있는 석탄 화력발전소의 작동 원리에 대하여 간단히 알아보자. 우리가 특정한 공학적 산물(화력발전소, 자동차, 비행기, 태양전지 등등)의 원리를 이해하면, 관련 문제에 대한 합리적인 결정과 선택을 할 수 있다고 생각한다. 고전을 배우고, 철학은 공부하는 것도 같은 이치라고 생각한다.

석탄 화력발전의 기본 원리는 다음과 같다. 석탄을 큰 연소로에서 태우면서 연소로 내부에 설치된 관에 물을 흘리면 물은 연소로에서 열을 받아 고온, 고압의 수증기가 된다. 이 고온, 고압의 수증기로 터빈을 돌리면 터빈이 고속으로 회전하면서 터빈 주위에 설치된 고정자(전자석으로 구성된 회전자와 철심으로 구성되어 있다.)와의 상호 작용으로 전류가 발생한다. 즉 전기가 만들어지는 것이다. 이 전기는 고압 송전탑을 통하여 도시 근처의 변전소에 설치된 변압기를 거쳐서 가정에서 사용하기 적합한 220V로 전압을 낮추어진 후에 우리 집으로 들어오게 되는 것이다. 전기는 사용하기 매우 편리한 에너지다. 전기의 힘으로 작동되는 가전제품을 나열하자면 한이 없다. 전기 스위치를 켜기만 하면 전등이 켜지고, 선풍기가 돌아가고, 음악을 들을 수 있다.

그런데 문제는 석탄화력발전소에서 석탄을 연소할 때 필연적으로 이산화탄소가

❖ 기후변화와 화석연료 ❖

발생한다는 것이다. 석탄 연소에는 공기(질소 79%, 산소 21%)를 사용하기 때문에 석탄 연소 후 굴뚝으로 배출되는 배기가스에는 70% 이상의 질소, 12~15%의 이산화탄소, 그리고 6~8%의 수증기가 존재한다. 그리고 석탄에 존재하는 황산화물이나 연소 과정에서 발생하는 질소산화물은 모두 정제 공정을 거쳐서 제거되기 때문에 배출가스에는 아주 미미한 농도의 오염물질이 존재하고 있다. 위에서 설명한 화력발전소 배기가스 조성에서 알 수 있듯이, 화력발전소에서 석탄을 연소하면 석탄의 사용량에 비례하여 이산화탄소가 발생한다. 따라서 우리의 삶에서 편리함과 쾌적함을 주고, 생활의 여유를 선사하는 전기를 석탄화력발전소에서 충분히 얻기 위해서는 불가피하게 이산화탄소를 많이 배출하게 되는 것이다. 즉 우리가 편리함을 추구하면 할수록(더 많은 전기를 사용할수록) 우리는 더 많은 이산화탄소를 대기권으로 배출해야 한다. 이것이 지구온난화와 관련하여 우리가 처한 가장 어려운 딜레마이다.

일부 환경주의자들은 이런 문제점 때문에 당장 석탄화력발전소를 폐쇄하고 태양전지와 풍력발전 같은 신재생에너지로 바꾸어야 한다고 말한다. 참으로 현실을 모르는 이야기다. 최근 신재생에너지로 얻는 전기의 양이 급속도로 증가하고 있기는 하지만, 전 세계의 전력수요 또한 개발도상국을 중심으로 크게 증가하고 있다. 그리고 아직도 전 세계가 사용하는 전기의 40% 이상은 석탄화력발전소에서 얻어진다. 그 이유는 단순하다. 발전 단가가 가장 낮기 때문이다. 나머지는 가스화력, 수력, 신재생에너지, 그리고 원자력 순이다. 선진국은 석탄화력발전 대신 신재생에너지로 전기를 생산할 수 있는 경제적 선택권이 있지만 개발도상국은 당연히 저렴한 석탄화력발전소에 의지할 수밖에 없다. 혹자는 석탄화력발전소의 사회적 비용(미세먼지로 인한 건강 악화와 이와 관련된 치료비용, 사회적 손실 비용)을 고려하면 신재생에너지가 석탄 화력발전보다 경제적으로 나은 선택이라고 말하지만 개발도상국은 그렇게 생각하지 않는 듯하다. 빵이 환경보다 우선이라고 여기기 때문이다. 이것은 마치 가난한 사람들에게 정크 푸드 대신에 신선한 야채, 과일, 그리고 유기농 식품을 사먹으라고 하는 것이나 다름없다. 가난한 사람들이 정크 푸드를 먹는 이유는 단 한 가지다. 돈이 없기 때문이다. 에너지 또한 마찬가지다. 신재생에너지보다는 석탄 화력이 저렴하게 전기를 얻기 때문이다. 이렇듯 경제 논리가 환경을 앞지르는 이유는 모두가 잘 알다시피 우리가 일상에서 결정하는 선택의 대부분이 경제적 이득을 우선하기 때문이다. 다만 최근에 지구온난화에 대한 대중의 관심이 높아지면서 신재생에너지로의 전환이 전 세계적으로 빠른 속도로 이루어지기 때문에 이것은 이산화탄소 감축에 아주 좋은 징조라고 할 수 있다. 그리고 화석연료에서 신재생에너지로의 전환은 사람들이 환경문제에 관심이 높아진 이유도 있지만, 신재생에너지, 특히 태양전지와 풍력발전에 대한 집중적인 연구 결과로 신재생에너지의 전기 생산 단가가 낮아지고 있기 때문이라고 할 수 있다. 따라서 최근 신재생에너지로의 빠른 전환 추세는 경제적 요인이 크게 작용하고 있다고 볼 수도 있다. 어찌되었건, 이런 추세는 지구온난화를 늦추고자 하는 노력의 일환으로 매우 바람직한 모습이다. 하지만 신재생에너지가 모든 것을 해결할 것이라는 것은 착각이다. 신재생에너지가 화석연료를 대체할 수 없는 분야도 많고, 신재생에너지의 내재적 단점 또한 쉽게 해결될 일이 아니기 때문이다.

- 자동차

이제 또 다른 이산화탄소의 주요 발생원이라고 할 수 있는 자동차를 살펴보자. 자동차로 대표되는 운송기관은 내연기관을 그 동력으로 사용한다. 내연기관은 흔히들 엔진이라고 부르며, 그것은 크게 가솔린 엔진과 디젤 엔진으로 나누어진다. 그 차이점을 간단히 설명하면 가솔린 엔진은 휘발유와 공기가 미리 섞여서 엔진 실린더로 들어가 점화 플러그에 의해 휘발유가 연소되면서 연소가스의 팽창으로 기계적 에너지를 얻는다. 한편 디젤 엔진은 엔진 실린더에 공기가 먼저 압축된 후 디젤 연료가 엔진 실린더 위에서 분사되면서 자연 발화로 연소가 일어나는 것이다. 그런데 점화

❖ **기후변화와 화석연료** ❖

플러그가 아닌 자연발화로 연소시키기 위해서는 높은 온도가 필요하고, 그래서 디젤을 높은 압력으로 압축해야만 한다. 즉 디젤 엔진은 가솔린 엔진에 비하여 실린더 내에서 압축이 더 높게 일어나기 때문에 연소 후 가스의 팽창도 커서 가솔린 엔진보다 더 큰 힘을 낼 수 있다. 그래서 가솔린 엔진을 사용하는 승용차보다 큰 힘이 필요한 버스, 트럭, 선박은 디젤 엔진을 사용한다. 그러나 디젤 엔진에는 두 가지 문제점이 있다. 첫째로 공기 압축 후에 실린더 위에서 뿜어주는 디젤 연료의 균일한 분사가 어렵기 때문에 미 연소되는 연료가 생기게 되고, 이것은 주로 작은 탄소입자로 방출된다. 우리가 언덕을 올라가는 버스나 화물차 배기관에서 나오는 검은 연기를 자주 보게 되는데 이 검은 연기가 바로 작은 탄소 덩어리(soot) 또는 검댕이라는 것이다. 이것은 매우 작은 탄소 입자로 우리의 폐를 위협하는 대기 오염 물질 중의 하나이다.

둘째로 디젤은 가솔린 엔진보다 높은 온도에서 연소가 되기 때문에 질소산화물(NO_x)을 더 많이 발생한다. 질소는 매우 안정한 물질이어서 산소와 쉽게 결합하지 않는다. 즉 산화가 잘되지 않는다는 것이다. 우리가 자주 먹는 과자봉지가 빵빵한 이유는 산화를 방지하기 위해 과자봉지에 질소를 넣었기 때문이다. 그런데 이런 안정한 물질인 질소도 온도가 높은 환경에서는 산소와 결합하여 질소산화물을 만들어낸다. 이 질소산화물은 더운 여름에 태양 빛에 의한 광반응으로 오존을 발생하게 되는데 이것이 바로 피부와 호흡기를 상하게 하는 환경오염 물질인 것이다. 그래서 여름철 오후에는 외출을 삼가라는 정부의 오존 경보는 버스나 트럭에 의해 배출된 질소산화물이 한여름 오후의 뜨거운 태양 빛과 반응하여 오존이라는 오염물질이 발생하기 좋은 환경이 만들어지기 때문이다. 이런 관점에서 보면 가솔린 엔진이 디젤 엔진보다 환경친화적이라는 것을 알 수 있다. 하지만 열역학적인 관점에서 보면 디젤 엔진이 가솔린 엔진보다 열효율이 높은 효율적인 엔진이다. 여러분은 어떤 엔진을 선택하시겠습니까? 아마도 효율 또는 환경보호라는 측면에서 자신의 신념에 따라 선택

3장. 화석연료와 기후변화

을 할 것이다. 또한 디젤 엔진이 가솔린 엔진보다 오염물질을 더 많이 배출해서 환경에 나쁜 듯하다. 하지만 디젤 엔진은 같은 양의 연료로 가솔린 엔진보다 더욱 먼 거리를 갈 수 있으니, 화석연료의 사용 절감에는 디젤 엔진이 바람직하다고 할 수 있다. 이렇듯 자동차를 선택을 하는데 있어서도 환경과 에너지 절약, 효율 등등 고려할 점이 많은 것이다.

어쨌든 내연기관을 동력으로 하는 모든 운송 기관(승용차, 화물차, 트럭, 기차, 선박, 비행기)은 모두 연료를 연소할 때 공기를 사용하기 때문에 필연적으로 연소과정에서 이산화탄소가 발생한다. 앞서 석탄 화력 발전소에서 석탄을 연소할 때 이산화탄소가 발생하는 것과 같은 원리이다. 자동차에서 배출되는 배기가스에서 이산화탄소가 차지하는 부피는 대략 10~16% 정도이다. 그런데 자동차에서 배출하는 이산화탄소 배출량의 변동이 큰 이유는 엔진의 종류, 그리고 운전자의 운전습관에 따라 배출양이 크게 변하기 때문이다. 특히 급가속이나 급발진을 할 때 이산화탄소의 배출이 증가한다. 자동차에서 배출되는 이산화탄소의 이런 배출 특성을 잘 알고 나면 좀 더 합리적이고 경제적인 운전 방식에 신경을 써야 한다는 것을 알게 되는 것이다. 이렇듯 소소하게 보이는 개인적인 행동이 이산화탄소를 줄이는 진정한 노력인 것이다. 거창한 구호나 보여주기 위한 이벤트보다는 일상에서 하나씩 행동을 바꾸는 것이 지구온난화를 지연하는 효과적인 활동인 것이다.

현대인들에게 자동차는 전기와 마찬가지로 우리의 삶에서 편리함과 쾌적함을 선사하는 생활필수품이 되어 버렸다. 그리고 사회적 신분을 나타내는 상징도 되었다. 게다가 이제는 전 세계 모든 사람이 이런 자동차의 편리함을 누린다. 그런데 이런 편리한 내연기관 자동차를 이산화탄소를 배출한다는 이유에서 퇴출하려면 대안이 있어야 하는데, 그 대안이 바로 전기자동차와 수소연료전지 자동차인 것이다. 지금 전 세계적으로 전기자동차의 폭발적인 성장을 가져온 테슬라의 혁신 또한 우리가 전기

❖ 기후변화와 화석연료 ❖

자동차를 구매하는데 자극을 주지만 전기자동차의 출현은 당연히 이산화탄소 배출이 없는 운송기관의 필요가 절실했기 때문이다. 그래서 지구를 구한다는 소박한 마음으로 많은 사람들이 다소 가격이 비싸더라도 전기자동차를 구매하는 것도 사실이다. 하지만 현재 시점에서 전기자동차에 공급되는 전기는 모두 석탄화력, 원자력 또는 천연가스화력발전소에서 얻어진다. 여기서 우리가 반드시 알아야 할 사실이 하나 있다. 지구를 구한다는 숭고한 이상에 맞는 전기자동차는 반드시 신재생에너지에서 얻어진 전기만을 사용해야 한다. 왜냐하면 신재생에너지에서 얻어진 전기를 사용하는 것이 아니라면, 전기자동차에서 사용하는 전기는 이산화탄소를 배출하는 화력발전소에서 나오기 때문이다. 다시 말하면 현재 전기자동차를 사용한다는 것은 내연기관의 배기가스에서 나오는 이산화탄소가 화력발전소의 굴뚝으로 장소만 이동했다는 것을 의미하기 때문이다. 현재 전기를 만드는 과정에서 이산화탄소 배출이 없는 기술은 신재생에너지와 원자력뿐이다. 그런데 전 세계적으로 석탄과 가스 화력에서 만들어지는 전기는 전 세계 수요의 65% 정도를 차지한다. 그러니 현재 우리가 타고 다니는 전기자동차의 대부분의 전기는 화력발전에서 온 것이다. 따라서 지금 우리가 사용하는 전기자동차는 이산화탄소 감축에 큰 효과가 있는 것은 아니다. 다만 석유(자동차 연료)에 대한 의존도가 석탄(화력발전소 연료)으로 인하여 조금 낮아진 것일 뿐이다. 전기자동차를 구매한 사람이 자신은 지구의 온난화를 지연하는데 큰 기여를 하고 있다고 생각하는 것은 아직은 순진한 생각이다.

전기자동차와 함께 주목을 받는 차세대 자동차인 수소 연료전지 자동차 또한 마찬가지다. 수소연료전지 자동차는 수소를 연료로 하여 연료전지에서 전기를 생산하여 그 동력으로 움직이는 자동차다. 따라서 수소연료전지 자동차의 원활한 운행을 위해서는 안정적인 수소의 공급이 매우 중요하다. 현재 상업적으로 생산되는 수소의 95%는 천연가스의 수증기 개질 공정으로 만드는데 이 공정에서는 필연적으로 많은 양의 이산화탄소가 발생한다. 이산화탄소 발생이 없는 수소 생산 방식은 물의 전기분해가 거의 유일한데, 치명적인 단점이 있다. 이 방식으로 생산되는 수소의 생산 단가는 현재 기술로서는 너무 비싸다. 따라서 수소연료자동차 또한 현재로서는 이산화탄소를 발생하는 수증기 개질 공정에서 만든 수소를 연료로 사용하기 때문에 이산화탄소 배출 장소가 과거의 내연기관 자동차 배기가스에서 천연가스 수증기 개질 공정으로 장소만 바뀐 것이다. 이렇듯 전기자동차나 수소연료전지 자동차 모두 외관상으로는 이산화탄소의 배출이 없는 자동차이지만, 그 실상을 살펴보면 아직까지는 이산화탄소 배출 감축에 기여를 하지 못하고 있는 것이 불편한 진실이다.

다시 말해 내연기관 자동차를 대체하여 이산화탄소 방출이 없는 완벽한 청정 운송기관을 것은 만들어내는 것은 아직 갈 길이 멀다는 뜻이다. 완벽한 전기자동차와 수소 연료전기자동차는 모든 전기자동차에 들어가는 전기가 신재생에너지로 공급되고, 모든 수소연료 전지자동차에 들어가는 수소가 물의 전기분해로 얻어지는 조건을 만족할 때 이루어지는 것이다. 현재 기술 수준에서는 전기자동차와 수소연료전지자동차는 연료가 되는 전기와 수소 공급에서 이산화탄소가 발생한다. 하지만 분명한 것은 미래의 자동차는 당연히 전기와 수소의 생산과정에서 이산화탄소 배출이 없는 전기자동차와 수소연료 자동차가 되어야만 한다. 그래야만 이산화탄소 배출이 없는 수송수단이 생기는 것이다.

에너지 관련 전문가들이 바라는 미래의 수송수단에 대한 최상의 시나리오는 다음과 같다. 우선 신재생에너지가 충분히 전 세계에 설치, 보급되고 신재생에너지에서 생산되는 잉여 전기를 배터리에 저장하여 전기자동차에 공급을 하여 전기자동차의 동력을 얻는 것이다. 또는 잉여전기를 배터리에 저장하는 대신에 바로 물의 전기분해 장치의 전기공급원으로 사용해서 여기서 생산되는 수소를 수소연료전지 자동차에

※ 기후변화와 화석연료 ※

연료로 공급을 하거나 수소 상태로 저장을 하는 것이다. 그리고 전기가 추가로 필요할 때 저장된 수소를 이용하여 수소연료전지를 작동시켜서 전기를 얻는 것이다. 이것이 실현이 되려면 전기를 효율적으로 저장할 수 있는 저렴한 대용량의 배터리가 필요하고, 수소연료전지 자동차의 경우에는 효율적이고 경제성이 있는 전기분해 장치와 수소연료전지가 필요하다. 특히 전기자동차 배터리의 경우 아직도 가격이 높고, 무겁다는 단점이 있다. 그리고 연료전지의 경우에는 적절한 소재, 내구성, 연계시스템 구성, 가격의 측면에서 우리의 희망사항과는 아직은 거리가 있다. 이래서 이산화탄소를 감축하는 과정이 산 넘어 산이라고 하는 것이다. 이런 기술적인 문제로 인하여 화석연료에서 신재생에너지로의 전환은 우리의 희망과는 다르게 서서히 진행이 될 수밖에 없다. 기후변화가 시급한 문제임을 알지만, 해결에는 시간이 걸린다는 점을 이해하자.

- 철강, 시멘트, 석유화학, 유리, 알루미늄

이제 발전소와 자동차 이외에 이산화탄소를 많이 배출하는 산업을 알아보고, 이런 산업에서 이산화탄소가 왜 발생하는지, 그리고 이것을 감축할 방법은 어떤 것이 있는지 알아보자.

땅속에 묻힌 천연자원은 우리에게 필요한 자원이지만 생활에 편리함을 가져다주는 상품이나 부품으로 만들려고 할 때는 반드시 에너지를 필요로 한다. 즉 물질의 변환 과정에는 전기 또는 열과 같은 에너지가 필요하다는 것이다. 그런데 우리의 일상에 필요한 것들은 생산하는 대표적인 산업들은 공교롭게도 에너지 다소비 산업이다. 그중에서 가장 대표적인 철강, 시멘트, 비료, 석유사업 산업을 설명하고자 한다.

세계적 경쟁력을 갖춘 포항제철은 우리나라의 대표적인 에너지 다소비 기업이다. 철강 산업의 원료는 철광석이다. 쉽게 말하면 철이 함유된 돌이다. 우리에게 필요한

3장. 화석연료와 기후변화

철을 얻기 위해서는 철광석을 변화시켜야 한다. 즉 철광석에 포함된 산소를 떼어내야 한다. 철광석에 함유된 산소를 떼어내는데 효과적인 것이 바로 탄소이며 이 기능을 하는 것이 코크스라는 탄소 덩어리이다. 철광석에서 철을 얻게 되면 철은 다양한 용도로 사용된다. 철은 튼튼하고, 내구성이 좋고, 가격도 저렴하다. 왜냐하면 원료인 철광석이 저렴하고, 코크스의 원료인 석탄 또한 저렴하기 때문이다. 자동차, 배, 선박, 철로, 철교, 비행기, 냉장고, 에어컨, 세탁기, 각종 기계, 통조림통, 등등 철로 만들어진 제품을 나열하면 한이 없다. 철은 우리 삶에 필수적인 제품의 원료가 되기 때문에 그 수요는 계속적으로 증가하고 있다. 철은 우리의 삶을 편리하게 하고 우리의 안전을 지키는 역할을 하지만 철의 생산과정에서는 두 가지 과정에서 이산화탄소가 배출된다. 첫째로 철광석 환원은 고온에서 해야 하기 때문에 필요한 고온을 유지하기 위해서 많은 화석연료가 필요하다. 용광로는 섭씨 1,500~1,600℃의 높은 온도를 필요로 한다. 이런 고온을 유지하기 위해서는 엄청난 양의 화석연료를 태워야한다. 이 과정에서 화석연료의 연소에 따른 이산화탄소가 발생한다. 두 번째는 철광석 환원 과정에서도 온실가스인 이산화탄소가 많이 배출된다는 것이다. 즉 철광석이 코크스에 의하여 철로 환원되는 과정에서 철광석의 산소는 코크스의 탄소와 결합하여 이산화탄소를 생성하기 때문에 필연적으로 이산화탄소를 배출한다는 것이다. 즉 철광석 환원 과정과 용광로에서 철광석 환원을 위하여 고온을 만들기 위해서 화석연료를 연소하는 과정에서 이산화탄소가 발생한다는 것이다. 따라서 철은 우리에게 주는 빛과 같은 삶의 편리함뿐만 아니라 동시에 철을 만드는 과정에서 발생하는 이산화탄소의 배출에 따른 지구온난화 문제라는 어두운 그림자도 함께 준다는 것이다. 제철산업이 가지는 이런 근본적인 두 가지 문제점으로 인하여 최근에는 철광석을 환원시키는 환원제로 코크스가 아닌 수소를 사용하는 것을 연구하고 있다. 수소를 철광석의 환원제로 사용할 경우 철광석의 산소와 환원제인 수소가 반응하면 당연히 이산화탄소 대신 수증기만 배출이 될 것이기 때문이다. 하지만 앞서 설명했듯이 현재 수소

❖ 기후변화와 화석연료 ❖

는 이산화탄소가 부산물로 배출되는 천연가스의 수증기 개질공정을 제외하고는 아직 대량으로 생산하는 기술이 확립되지 않고 있다. 따라서 현재의 기술로 수소를 철광석 환원제로 사용할 경우, 앞선 수소연료전지 자동차와 마찬가지로 이산화탄소 배출 장소가 제철소 굴뚝에서 천연가스 개질기 공정으로 장소만 이동한 것이 된다. 진정한 철광석의 수소 환원을 위해서는 신재생에너지에서 얻어진 전기를 사용하는 물 분해 공정에서 얻어진 수소를 사용해야 한다. 하지만 현실을 보면, 신재생에너지 또한 나날이 증가하는 일상의 전기 수요를 따라가기에도 힘겹다. 그러니 신재생에너지에서 얻은 전기에서 남는 전기를 이용해서 청정 수소를 생산한다는 생각은 아직은 시기상조이다. 또한 철광석을 녹이기 위하여 제철소 고로를 1,500℃로 유지하기 위해서는 불가피하게 화석연료를 연소해야 하는데, 이것을 전기로 가열하는 방식으로 바꾸려는 생각은 에너지 효율과 부족한 전기 공급을 생각하면 너무 비효율적이다. 따라서 우리가 일상에서 철을 필요로 하는 한, 지금과 같이 제철소 굴뚝에서 이산화탄소가 배출되는 것을 당분간은 바라만 보아야 한다.

한편 철이 가지고 있는 하나의 문제점은 우리가 흔히 녹이라고 부르는 부식에 매우 취약한 금속이라는 것이다. 그래서 철로 만든 구조물의 경우에는 시간이 지나면 부식에 의해서 철의 기계적 강도가 약해지면서 구조물이 붕괴될 위험이 생기게 된다. 오래된 건물이나 다리가 주로 철근이 포함된 콘크리트 구조물이기 때문에 철의 부식은 우리의 안전을 위협하는 요인이 된다. 따라서 시간에 흘러서 철의 부식이 발생되면, 재건축이나 새로운 구조물을 다시 지어야 하는 일이 발생하게 되고 이것은 또 다시 에너지와 자원의 낭비를 필연적으로 가져오게 된다.

철은 우리에게 매우 필요하고 유용한 물질이지만, 이산화탄소 배출이라는 문제를 일으키는 골치 아픈 물질이라는 점도 이제 알게 되었을 것이다. 일상에서 철을 포기하고 지구온난화를 지연해야 할까? 아니면 지금처럼 철을 사용하면서 이산화탄소를 줄이는 노력을 해야 할까? 답은 모두 알고 있을 것이다. 우리는 철을 대체할 수 있는 획기적인 물질을 찾기 전까지는 철을 포기하기는 어려울 것이다. 철의 사용을 줄이면 이산화탄소 배출도 줄이고 지구온난화도 지연하는 효과가 있다. 그래서 자원과 에너지 절약 모두는 이산화탄소 배출을 줄이고 지구온난화를 지연하는 효과적인 행동인 것이다. 일상에서 철과 관련된 제품의 사용을 절약하는 것은 단순히 돈을 절약하는 것 이상의 의미를 갖는 것이다.

이산화탄소 배출이 많은 두 번째 산업은 시멘트 산업이다. 우리가 많이 사용하고 주변에서 쉽게 볼 수 있는 콘크리트 또한 철과 유사한 운명이다. 콘크리트는 철과 함께 건축에 가장 많이 사용되는 재료이다. 콘크리트는 녹이 슬지 않고, 썩지도 않고, 불에 타지도 않는다. 대부분의 건물, 댐, 교량, 다리를 만들 때 가장 많이 사용한다. 콘크리트의 주원료는 시멘트인데, 석회석에서 시멘트를 만들 때도 철광석에서 철을 환원할 때와 같은 문제가 발생한다. 시멘트는 석회석을 열분해하여 생석회를 만드는데 이때 900℃ 이상의 고온이 필요하기 때문에 열분해에 필요한 고온을 유지하기 위해서는 많은 양의 화석연료가 사용된다. 즉 석회석을 열분해해야 시멘트의 원료인 생석회를 얻을 수 있기 때문에 이를 위해서는 석회석을 높은 온도로 가열해야 한다. 그래서 열분해에 필요한 높은 온도를 유지하기 위해서 많은 양의 석탄이나 천연가스가 필요하며, 잘 알다시피 화석연료를 연소하면 필연적으로 이산화탄소가 발생한다. 또 하나의 문제는 시멘트의 원료인 생석회를 얻기 위해서는 석회석을 열분해해야 한다고 했는데, 불행하게도 석회석을 열분해를 하면 생석회와 이산화탄소가 생긴다. 즉 열분해 과정에서 부산물인 이산화탄소가 자연스럽게 발생한다는 것이다. 요약하면, 석회석을 열분해할 때 이산화탄소가 생산되고, 석회석을 열분해하는데 필요한 열을 공급하는 과정에서 또다시 이산화탄소가 발생한다는 것이다.

시멘트 산업과 관련하여 추가적인 문제를 언급하고자 한다. 우리나라는 에너지 자원 빈국으로 잘 알려져 있다. 대부분의 나라에서 생산되는 흔한 석탄도 우리나라

❖ 기후변화와 화석연료 ❖

에서는 무연탄이라는 저급 석탄만 생산되고 있다. 우리나라가 지질학적으로 고생대에 속하기 때문에 지하자원 또한 노년기와 같다고 할 수 있다. 하지만 국토의 70%가 산악 지형인 우리나라는 대부분의 산이 석회암으로 이루어져 있다. 따라서 시멘트의 원료가 되는 자원이 풍성하다는 것이다. 즉 우리나라의 대표적 지하자원은 바로 돌이라는 것이다. 그래서 우리나라는 시멘트 생산 세계 11위, 시멘트 소비 세계 9위일 정도로 시멘트 산업이 매우 잘 발달한 국가이다. 뒤집어 이야기를 하면 우리나라는 시멘트 생산과정에서 많은 이산화탄소를 배출하고, 많은 화석연료를 사용한다는 것이다. 우리나라에서 건설 붐이 일어나고, 새로운 신도시가 만들어지고, 아파트가 대량으로 공급이 된다는 것은 석회석으로부터 시멘트를 만드는데 많은 화석연료가 에너지로 사용된다는 것이다. 즉 아파트 건설은 온실가스인 이산화탄소가 대기 중으로 엄청나게 많이 방출되는 원인을 제공하고 있는 것이다. 신도시 건설이나 재건축 같은 경기 부양이 국내의 경제에는 도움이 될지 몰라도 지구온난화 측면에서는 큰 위협을 가하고 있는 것이다. 멀쩡한 아파트를 경제적 이득을 목적으로 재건축을 서두르는 것이야말로 지구온난화를 부채질하는 올바르지 못한 행동이라고 할 수 있다. 우리가 기후변화를 막고 지구온난화를 방지하는 행동에 찬성을 하고 아울러 솔선수범을 보인다고 해도, 자신의 경제적 이득이 걸린 문제에서는 이런 사실을 애써 외면한다. 총론에서 찬성하지만 각론에서는 반대하는 모습이다. 때로는 기술적 장벽보다는 인간의 원초적 욕망이 자연 재앙을 불러 오기도 한다. 환경운동가들이 이런 문제에 대해서는 왜 목소리를 내지 않는지 궁금하다. 그들도 자신의 재산을 그들이 목숨같이 여기는 자연환경보다 더 소중히 여기는 것이 아닌가 하는 생각이 든다.

콘크리트는 건설경기에 따라 생산량이 크게 변한다. 또한 건축물의 수명과 재건축에 따라서도 수요가 증가한다. 과거 1980년대 미국에서 유학을 할 때 뉴욕 브룩클린에 사는 친구 집을 방문한 일이 있었다. 그 아파트는 지은 지가 100년 정도가 되어서 낡고, 어두컴컴했지만, 친구는 큰 불편 없이 사용하고 있었다. 다만 물을 사용할 때 오래된 배관의 부식으로 종종 녹물이 나온다고 했다. 게다가 펜실베이니아에서 뉴욕 맨해튼으로 진입할 때 링컨 터널이나 홀란드 터널을 지나게 되는데, 두 터널 모두 해저 터널이라 주변 환경이 아주 가혹했다. 그럼에도 불구하고 그 당시에도 지은 지가 50~60년 지났지만 물도 새지 않고 잘 사용되고 있었다. 물론 지금도 아무 문제없이 잘 사용하고 있다고 한다. 얼마 전 터널 100주년 기념식이 있었다고 들었다. 아파트를 지은 지 30년 정도만 지나도 안전문제를 앞세워 재건축을 해야 한다는 의견이 지배적인 우리나라 상황과는 많이 비교가 되었다. 이산화탄소를 감축하는데 시멘트 생산을 줄여야 하는 이유를 이제 충분히 인식했을 것으로 믿는다.

비료는 인류의 역사에서 가장 획기적인 생산물이다. 인간이 수렵생활에서 농업혁명으로 전환하면서부터 식량 공급이 원활해지고 안전한 주거 환경으로 기대 수명이 늘어나면서 인구는 증가하게 되었다. 이에 영국의 경제학자 맬서스는 자신의 책 "인구론"에서 인구 증가는 기하학적으로 증가하고, 식량은 산술급수적으로 증가하기 때문에 인구 과잉으로 인하여 식량부족이 발생하게 되고, 이것 때문에 사회는 빈곤과 죄악이 만연하게 될 것이라고 경고했다. 그리고 그 결과로 전쟁과 폭동이 발생할 것으로 예측했다. 당시에 많은 지식인들은 그의 주장에 동의했다. 하지만 맬서스 인구론의 출발점이 되었던 식량의 산술급수적 생산이라는 명제는 두 명의 독일 화학자로 인하여 무너지게 되었다. 바로 암모니아 합성을 통하여 대량의 요소비료 생산을 가능하게 한 하버와 보쉬의 노력 덕분이다. 식물의 성장을 촉진하기 위해서는 식물 뿌리에 질소가 공급이 되어야 한다. 우리를 둘러싼 공기의 79%가 질소이다. 하지만 기체 상태의 질소는 식물성장에 아무런 도움을 줄 수 없다. 고체 상태의 질소 화합물만이 식물성장에 필요한 비료로 사용이 가능하다. 당시 대부분의 질소 비료는 천연광물에서 얻었다. 가장 대표적인 질소 화합물은 칠레에서 나오는 칠레 초석이라는

❖ 기후변화와 화석연료 ❖

광물에서 얻었다. 하지만 인구가 늘고 식량 증산이 필요함에 따라 수요는 증가하는데 칠레 초석의 공급량은 한정되어서 식량 생산에 필요한 천연 질소비료는 점점 더 부족해졌다. 이에 따라 사람들은 식량 부족으로 발생하는 기아와 사회적 혼란을 걱정하게 되었다. 그래서 맬서스의 "인구론"이 바로 그 시기에 사람들의 주목을 받은 것이다. 이런 위기의 순간에 하버와 보쉬가 질소와 수소를 가지고 거의 불가능하다고 여겨졌던 암모니아 합성에 성공한다. 질소는 공기를 액화하여 산소와 질소로 분리함으로서 얻었고, 수소는 석탄과 수증기의 반응으로 얻었다. 이렇게 암모니아 합성은 과학자(하버)와 공학자(보쉬)의 엄청난 노력과 우연한 행운으로 성공에 이를 수 있었다. 두 사람 모두 인류의 발전에 공헌한 공로로 노벨상을 수상하였다. 대부분의 사람들은 암모니아 합성에서 하버의 업적은 알지만, 대규모의 상업적 생산에 성공한 보쉬의 업적은 잘 모르고 있다. 과학을 공학보다 높은 수준의 학문이라고 여기는 편견이 여기서도 드러나고 있는 것이다. 하버는 암모니아 합성의 가능성을 예견하고 기초 실험을 하였고, 보쉬는 대량 생산에 필요한 장치와 대규모의 원료 공급 방식을 설계하고 제작하고 생산까지 완성한 사람이다. 어떤 사람이 인류가 직면한 식량 위기를 해결한 공로가 더 큰지는 각자가 판단할 일이다. 어쨌든 우리가 잘 알고 있는 독일의 BASF라는 화학기업에서 최초로 암모니아의 대규모 생산에 성공을 하게 된다. 그 뒤로 각국에서 암모니아 합성에 성공하고 대량으로 질소비료를 만들면서 식량 생산은 기하학적으로 증가하고 맬서스가 예견한 기아는 발생하지 않았다. 그런데 암모니아 합성 공정은 공기액화 공정(초저온, 고압), 수소생산, 수소정제 공정(고온), 암모니아 합성반응(고압) 등이 모두 초저온, 고압, 그리고 고온에서 이루어지기 때문에 에너지 소비가 매우 큰 산업이다. 식량 생산을 위한 비료의 수요가 많아진다는 것은 암모니아 수요가 많아지는 것이고, 이것은 필연적으로 대량의 화석연료가 암모니아 합성 공장에서 소비된다는 것을 의미한다. 비료산업은 온실가스인 이산화탄소를 대기권으로 많이 배출하는 산업이라는 것을 바로 인식하자. 그러면 이산화탄소

3장. 화석연료와 기후변화

배출 감축을 위하여 비료공장을 폐쇄하여야 하는가? 당연히 비합리적인 선택이다. 당장 비료를 대신할 대체 물질이 없는 상황에서는 이산화탄소 배출이 적은 비료공정을 개발하는 것이 합리적인 선택이고, 이런 연구가 현재 진행중에 있다.

그런데 현재 사용되고 있는 질소비료와 관련하여 한번 살펴볼 문제가 있다. 공학자들의 노력으로 암모니아 합성 공정의 효율이 높아지면서 암모니아의 가격이 매우 저렴해졌다. 그러자 농부들은 저렴한 가격의 비료를 넉넉하게 농작물에 뿌리게 되었고, 땅에 뿌린 비료의 50% 정도만이 땅에 흡수가 되었다고 한다. 결국 잉여의 비료는 지하수 오염이나 기타 환경오염의 원인이 되었다는 것이다. 농업에 필수적인 비료를 저렴한 가격으로 만들려는 공학자들의 노력이 오히려 에너지의 낭비와 비료의 낭비 그리고 환경문제를 일으키는 역설적인 상황을 만들게 된 것이다. 이 또한 부조리한 현상이다. 세상은 합리적인 방식으로만 돌아가지는 않는다. 지구온난화 또한 화석연료의 비용이 낮기 때문에 낭비적인 요소가 많은 것이 아닌가 생각해 본다. 우리가 편의점에서 쉽게 살 수 있는 콜라 1리터 가격이 휘발유나 디젤 1리터 가격과 비슷하다는 것이 말이 되는가? 휘발유 1리터를 생산하는 과정(채굴, 운송, 정제, 판매)에서 투입되는 비용과 콜라 1리터를 생산하는 과정에서 투입되는 비용을 고려하면 이 또한 합리적이지 않다. 세상 모든 일이 합리적으로 돌아가지는 않지만, 에너지 사용만은 충분히 합리적으로 사용할 수 있다.

한편 우리가 많이 사용하는 편리한 소재중의 하나는 바로 알루미늄이다. 알루미늄은 가벼운 것이 가장 큰 장점이다. 그래서 얇은 박막이나 철사로 제작이 가능하다, 다른 금속과의 합금도 매우 용이하다. 주요 용도는 자동차, 항공기, 트럭, 자전거 같은 운송 장비에 사용되고, 우리가 잘 알고 있는 캔, 호일 같은 포장재, 모터, 발전기, 도체 합금같이 전도성이 요구되는 산업제품, 조리기구와 가구 등등 다양한 용도로 사용되고 있다. 게다가 알루미늄의 원료가 되는 보크사이트는 매장량 또한 매우 풍

❖ 기후변화와 화석연료 ❖

부하다. 그런데 이런 풍부한 보크사이트에서 알루미늄을 정제하는 제련과정에서 또다시 에너지 문제가 발생한다. 알루미늄을 얻기 위해서는 현재 전기분해 방식이 가장 우수한 기술인데, 알루미늄 1Kg을 생산하는데 15kwh의 전기가 요구된다는 점이다. 앞서 우리는 화석연료에서 전기를 만드는 과정이 얼마나 힘들고 지구온난화라는 대가를 치러야 한다는 것을 알고 있다. 그런데 알루미늄 생산원가의 40%는 전기요금일 정도로 알루미늄 생산은 전기에너지 소비가 큰 산업이다. 문제는 전기에너지가 열에너지보다 화석연료에서 얻기가 어렵다는 것이다. 대표적인 화석연료인 석탄을 가지고 전기를 만드는 화력발전을 보면, 석탄 에너지 100에서 얻어지는 전기에너지는 35 정도이다. 즉 발전소 효율(화석에너지 → 전기에너지로의 전환 효율) 이 35%라는 것이다. 게다가 발전소에서 수요처까지 송전탑과 변전소를 거치는 송전과정에서의 전력 손실까지 고려하면 30% 내외일 것이다. 따라서 열을 이용하는 철광석 환원과는 달리 전기를 이용하는 알루미늄 환원에서는 더 많은 화석연료가 소비된다는 것이다. 석탄을 태워서 전기를 만들고, 그 전기를 가지고 알루미늄을 생산하기 때문이다. 즉 두 번의 에너지 전환을 통해야만 알루미늄이 얻어지는 것이다. 우리가 일상에서 자주 보는 김밥 포장 용기, 캡슐커피, 쿠킹 호일 등등 아주 사소한 것에서부터 비행기 재료까지 폭넓게 사용되는 알루미늄은 앞서의 암모니아와 마찬가지로 기술의 발전으로 생산원가가 저렴해지면서 사람들은 아낌없이 사용할 수 있게 되었다. 앞에 예로 든 비료나 뒤에 설명할 플라스틱과 마찬가지로 알루미늄 또한 값이 저렴하다는 것이 수요 증가의 주요 요인이 되고 있다. 편리하고 값도 저렴한데 사용을 마다할 이유가 있겠는가? 이제는 이런 값싼 공산품을 무분별하게 사용하는 것이 지구온난화를 가속화한다는 점을 알아야 한다. 더 이상 에너지를 낭비하는 무분별한 소비가 알게 모르게 우리의 숨통을 서서히 죄이고 있었다는 것이다. 우리가 에너지 관련 산업에 대해서 알면 알수록 우리가 어떤 행동을 해야 하는지 답이 나온다. 아는 만큼 보인다는 것은 단지 미술품 감상에서만 적용되는 말은 아니다. 사소한 것들이 모여서

3장. 화석연료와 기후변화

큰 효과를 낸다.

　이쯤에서 개인적인 의견을 말해보면, 이런 역설적인 상황에서 기술의 발전이 늦어지고, 공급이 부족한 상황에 처해야만 비로서 자원의 소중함을 느끼게 되는 걸까 하는 생각을 해보게 된다. 땅속의 자원을 이용하여 편리함과 안락함을 주는 산업 생산품을 만드는 과정에서는 화석연료의 소비로 인한 지구온난화, 그리고 환경오염이 반드시 뒤따른다는 사실을 우리는 기억해야 한다. 에너지 문제는 우리 일상의 모든 부분에서 우리를 위협하고 있다.

　마지막으로 플라스틱 산업을 살펴보자. 플라스틱은 다른 화학제품에 비하여 그 역사는 비교적 짧지만 그럼에도 불구하고 엄청난 발전을 가져온 화학공학 분야이다. 플라스틱은 콘크리트, 철, 알루미늄, 비료에 비해서는 생산에 투입되는 에너지의 양은 상대적으로 적은 편이다. 하지만 전 세계적으로 플라스틱의 수요가 엄청나게 증가하면서 플라스틱 산업에 투입되는 화석연료의 양도 생산 규모에 비례하여 커지게 되었다. 플라스틱 수요의 증가는 당연하게도 저렴한 가격, 사용의 편리성이다. 화석연료의 양이 증가한다는 이야기는, 자꾸 반복하지만 이산화탄소의 배출이 증가한다는 이야기다. 플라스틱 하면 우리는 각종 용기나 포장재, 봉투 정도를 생각하지만 의외로 플라스틱의 활용범위는 넓다. 옷의 원료가 되는 합성섬유, 자동차의 타이어와 실내 내장재, 그리고 컴퓨터, TV를 포함하는 전자제품의 외장재 등이 모두 플라스틱으로 만들어진다. 그 외에도 우리가 자주 접하지 못하지만 건축물 자재, 전기용품 부품에도 사용이 된다. 석유에서 출발하여 다양한 화학반응을 거쳐서 만들어지는 화학제품은 앞서 언급한 철, 콘크리트, 알루미늄과는 비교할 수 없을 만큼 종류가 다양하다. 이것들이 우리 삶의 편리, 안전, 안락과 다양한 경험을 하는데 사용되는 것들이다. 그런데 우리가 지구온난화를 이유로 플라스틱을 전면적으로 금지해야 할까? 플

❖ 기후변화와 화석연료 ❖

라스틱 빨대를 종이 빨대로 바꾸는데도 사회적 의견수렴이 어려운 현실을 보면, 이산화탄소 배출 감축을 위한 플라스틱의 퇴출도 요원한 이야기다.

- 가정에서의 이산화탄소 배출

마지막으로 가정에서 배출하는 이산화탄소에 대하여 알아보자.

과거에는 집에서 요리를 하거나 난방을 할 때 주로 나무나 석탄을 사용했다. 아직도 서울 변두리 지역은 겨울 난방을 위해 연탄을 사용한다. 하지만 대부분의 가정에서는 도시가스(천연가스)를 사용한다. 도시가스는 가스공사에서 공급 관을 통하여 각 가정에 공급을 한다. 각 가정에서는 음식을 만드는 취사용이나 온수용으로 사용하고, 일부에서는 가정 난방으로도 사용한다. 그리고 지역난방공사에서 대규모 아파트에 온수를 공급하는 지역난방 및 온수 공급시스템 또한 도시가스를 연료로 사용한다. 과거에는 아파트 단지마다 소규모 보일러 시설이 있어서 온수를 공급했는데, 지역난방 덕분에 이제는 각각의 아파트 단지마다 보일러 운영에 대한 어려움 없이 보다 효율적이고, 합리적인 온수 공급 및 관리가 가능하게 된 것이다. 앞서와 마찬가지로 가정에서 요리를 하거나 온수를 사용하거나 난방을 하면, 도시가스 사용에 비례하여 이산화탄소가 배출된다. 한편 요즘 가정에서 요리를 할 때 가스의 폭발, 과열을 염려하여 고가의 인덕션 레인지를 사용하는 가정이 늘고 있다. 가정의 안전과 편리함을 위한 선택을 제3자가 뭐라고 할 수는 없다. 다만 한 가지 언급하고 싶은 것은 인덕션 레인지는 기존의 가스레인지에 비하여 에너지 효율이 낮다는 것이다. 즉 전기를 난방이나 취사에 사용하는 것은 열역학적 측면에서 다소 어리석은 선택이라는 것이다. 한 가지 예를 들어보자. 여기 가스난로와 전기난로가 있다. 모두 대략 5평 정도의 공간을 난방하는데 사용되는 크기라고 하자. 만일 가스난로에 필요한 열에너지가 100이라고 하면, 전기난로가 같은 열에너지를 방출하기 위해서는 대략 300 정도의 에너지가 필요하다. 앞서 설명했듯이 화력발전에서 만들어지는 전기는 대략 효

3장. 화석연료와 기후변화

율이 35% 정도이기 때문이다. 즉 100 만큼의 석탄이나 천연가스가 발전소에 연료로 공급되면 여기서 전기는 대략 35%가 만들어진다는 것이다. 따라서 전기에너지 35를 다시 열로 변환할 때의 효율은 95% 정도이므로 35 만큼의 전기에너지는 다시 34 정도의 열에너지로 변환이 되는 것이다. 따라서 100 만큼의 열에너지를 전기 난방기에서 얻기 위해서는 약 300의 석탄에너지가 필요하다는 것이다. 하지만 가스난로의 경우에는 이런 에너지 변환 과정이 필요 없기 때문에 100 만큼의 에너지를 가지는 천연가스로 난방에 필요한 100의 열에너지를 공급할 수 있다. 쉽게 말해서 가스난로가 전기난로보다 지구온난화를 지연시키는데 효과적이라는 것이다.

빨래를 말리는데 사용되는 전기건조기와 가스건조기 또한 비슷한 사례가 될 것이다. 여기서 주장하는 핵심은 전기는 일반적인 열에너지보다는 고가의 에너지, 즉 연소된 연료의 일부분만을 사용하는 비싼 에너지라는 점이다. 많은 사람들은 열역학 2법칙이 일상에서 볼 수 있는 여러 자연현상(열은 높은 온도의 물체에서 낮은 온도의 물체로 흐른다. 등등) 보여주는 아주 중요한 법칙이라는 것은 알지만 그 내용을 이해하는데 버거워한다. 하지만 많은 사람들이 어려워하는 열역학 2법칙의 한 가지 예로 바로 전기난로와 가스난로의 차이를 말해주는 것이다. 이것 하나만 기억하자 "열을 전기로 바꾸는 것은 에너지 소비가 많이 드는 일"이라는 것이다. 에너지 소비가 많다는 것은 이산화탄소 배출이 많은 것이고, 이것은 지구온난화를 가중시키는 원인이라는 것이다. 에너지 소비와 대기권 이산화탄소 농도 증가는 확실한 인과관계를 보여준다. 이런 점을 알고 나면 전기로 작동되는 다양한 제품의 사용에서 좀 더 신중하고 합리적인 선택을 하는데 도움이 될 것이다.

우리는 종종 삶의 질을 매우 중요한 가치로 이야기한다. 인간다운 삶에 대해서도 이야기 한다. 그것은 우리가 생활의 편리, 안전, 그리고 즐거움을 욕망한다는 것이다. 그런데 이런 삶의 질 향상은 불행하게도 물질적인 충족을 바탕으로 한다는 것이

❖ 기후변화와 화석연료 ❖

지금의 현실이다. 그래서 편리함을 추구하면 할수록 우리는 좀 더 많은 제품을 필요로 하게 되고, 이런 제품을 만드는 과정에서 많은 전기에너지, 열에너지가 필요하게 된다. 그리고 우리 인류가 필요로 하는 이 모든 에너지의 대부분은 화석연료의 연소에서 얻어진 것이다. 우리는 우리의 편리함과 안락함을 극심한 기후변화 그리고 환경오염과 맞바꾸고 있는 것이다. 따라서 지금까지 우리가 선호해 왔던 생활 방식을 바꾸어야 할 시기가 온 것이다. 어떤 선택을 할지에 따라 우리의 미래는 분명히 달라질 것이다.

최근에 지구온난화와 이에 따르는 기후변화에 대한 인식이 높아지면서 태양광이나 풍력과 같은 신재생 에너지의 확대, 그리고 내연기관에서 전기를 사용하는 전기자동차로의 급격한 전환처럼 매우 바람직하고 긍정적인 방향으로 에너지 사용의 대변혁이 일어나고 있다. 하지만 불행하게도 앞서 언급한 철강, 시멘트, 플라스틱, 비료와 같이 우리에게 필요한 생활필수품을 만드는 기간산업은 전기가 아닌 화석연료를 생산 공정에서 사용해야만 한다는데 문제가 있다. 즉 그런 산업에는 석탄, 석유, 천연가스와 같은 화석연료가 생산 공정에 반드시 필요하다는 것이다. 다시 말하면 석탄화력발전소의 전기 생산이나 자동차의 휘발유, 디젤 사용은 신재생에너지에서 얻어지는 전기로 모두 대체할 수가 있다. 하지만 철강, 시멘트, 비료, 그리고 플라스틱 산업은 화석연료가 공급하는 열을 반드시 필요로 한다는 점이다. 즉 전기에너지로는 제품을 생산할 수 없는 산업들이다. 따라서 이런 산업의 특징을 살펴보았을 때 화석연료의 사용을 금지함으로 이산화탄소가 대기로 방출되는 것을 막아서 지구온난화를 방지하는 노력이 모든 산업영역에서 가능한 것은 아니라는 것이다. 이렇기 때문에 지구온난화를 지연하는 것이 어렵다는 것이다. 마치 신재생에너지로 충분한 전기를 만들어내면 지구온난화의 모든 문제점이 해결된 것처럼 생각하지만, 현실은 그렇지 않다는 것이다. 신재생에너지가 지구온난화를 해결하는 만능키는 아니라는 것

3장. 화석연료와 기후변화

이다. 현재를 기준으로 볼 때, 발전과 수송 영역을 빼고 나머지 산업은 모두 화석연료가 필요한 산업이다.

이제 우리는 이산화탄소 감축과 화석연료와의 관계를 충분히 인식했을 것이고, 지구온난화를 막기 위한 이산화탄소의 배출 감축이 얼마나 어려운 문제인지 다시 한 번 확인한 것이다.

마지막으로 이산화탄소의 배출을 줄이는 것이 어려운 또 다른 요인들은 살펴보자. 지구온난화의 주범은 이산화탄소이고 이산화탄소는 화석연료의 연소에서 나온다. 그러면 화석연료의 사용을 금지하면 해결될 것처럼 보이지만 실상은 좀 다르다. 앞서 이야기했듯이 화석연료는 발전, 수송, 산업, 상업, 그리고 가정에서 사용된다. 그 중에서 발전과 수송은 화석연료를 대체할 수 있는 방안이 있다. 즉 화력발전 대신 신재생에너지(태양광, 풍력)로 전기를 얻고 내연기관 대신에 전기자동차를 사용하면 획기적으로 이산화탄소를 줄일 수 있다. 그리고 가정에서도 비록 열역학적인 효율은 떨어지지만 가스레인지 대신 전기인덕션을 사용하면 이산화탄소를 줄일 수 있다. 그리고 상업적 시설은 대부분의 에너지가 조명과 난방에 사용되기 때문에 이것 또한 전기로 대체가 가능하다. 그러면 전기로 대체되지 않는 철강, 시멘트, 플라스틱, 비료 정도만 남게 된다. 이렇게 화석연료에서 전기로 에너지 전환이 일어나면 우리는 획기적으로 이산화탄소 배출을 줄일 수 있게 된다. 그리고 대부분의 나라들이 이런 방향으로 에너지 정책을 시행하고 있는 것도 사실이다. 그런데 실상은 이런 희망적인 목표와 다르게 전개가 될 것이다. 우선 신재생에너지로 얻는 전기는 아직까지는 화석연료를 연소해서 얻는 전기보다 비싸다. 대부분의 신재생에너지는 정부의 보조금을 받아가면서 성장해 왔다. 부유한 선진국(대부분의 유럽국가들)은 환경문제, 그리고 지구온난화를 염려하여 신재생에너지 보급에 투자할 수 있겠지만 중국, 인도로 대표되는 거대한 개발도상국, 그리고 가난한 남미, 아프리카 국가는 그럴 경제적 여

❖ 기후변화와 화석연료 ❖

유가 없다. 그런 나라들은 자국민의 전기 수요에 맞는 원활한 전기 공급을 위해서, 그리고 지속적인 경제 성장을 위하여 값싼 전기가 필요하다. 그러니 당연히 석탄화력발전을 포기하지 않을 것이다. 값싼 전기를 두고 값비싼 신재생에너지를 사용하기는 어렵다. 환경보다 빵이 먼저다. 그래서 개발도상국이나 가난한 나라들이 배출하는 이산화탄소의 양은 줄지 않을 것이다. 게다가 이런 나라들은 인구가 매우 많기 때문에 이산화탄소의 절대적인 배출량은 모든 선진국의 이산화탄소 감축량을 넘어설 것으로 예상된다. 비유를 하자면 선진국들이 지구온난화를 염려하여 개발도상국들에게 신재생에너지 사용을 강요하는 것은 마치 정크 푸드 대신에 신선한 야채나 과일, 그리고 유기농 식품을 먹으라는 것과 같다. 그들이 신선한 야채, 과일의 장점을 모르는 것은 아니다. 다만 가격이 비싸기 때문이다. 게다가 현재 대기권에 존재하는 이산화탄소는 대부분 선진국들이 과거 산업화 과정에서 배출한 것이기 때문에 선진국들이 원죄를 가지고 있는 셈이다. 대기권에 축적된 이산화탄소 배출의 역사적 배경을 보면, 개발도상국들에게 무조건적으로 신재생에너지를 강요하기도 어렵다.

지구온난화를 걱정하여 화석연료를 당장 금지하는 것이 어려운 또 다른 이유는 사회경제적 요인이다. 현재 인류는 화석연료 시스템에 적응하여 오랜 기간 살아왔고, 이런 에너지 시스템의 근간을 바꾸는 일은 사회적, 경제적으로 큰 손실을 가져오기 때문이다. 왜냐하면 화석연료를 기반으로 하는 에너지 공급시스템은 기본적으로 장치 산업이고 설비투자가 큰 산업이다. 우선 당장 우리나라의 정유회사를 생각해보자. 우리나라에는 자동차 연료인 가솔린, 디젤을 생산하는 SK이노베이션, GS칼텍스, 현대오일뱅크, 그리고 에스오일이 있다. 이들 회사의 2021년 매출총액을 보면 대략 300조가 넘는다. 이런 정유 산업을 이산화탄소 절감을 위하여 공장을 폐쇄하면 어떤 사회적, 경제적 상황이 발생할까? 우선은 직장을 잃은 직원들, 회사의 주주들, 회사에 돈을 빌려준 은행, 캐피탈 회사, 그리고 이와 연관되는 주유소, 운송차량 회사,

3장. 화석연료와 기후변화

선박회사 모두 엄청난 경제적 손실과 사회적 혼란이 올 것이다. 그리고 정유회사가 투자한 각종 설비(정유공장, 송유관, 항구, 유류 저장소) 또한 무용지물이 되어 처치 곤란한 고철덩어리로 전락할 것이다. 이런 손실을 매몰비용이라고 하는데, 이것을 누가 보상해 줄 것인가?

석탄 사용을 금지하면 석탄을 연료로 사용하는 화력 발전소 또한 정유공장과 비슷한 상황이 전개될 것이다. 따라서 이런 에너지 전환은 필연적으로 경제에 충격을 최소화하는 방향으로 진행이 되어야 하고, 이런 이유로 이산화탄소의 배출을 급격하게 줄이는 것이 어려운 일인 것이다. 또한 만일 우리가 화력발전소와 내연기관에 들어가는 화석연료를 당장 포기한다 해도, 이를 대체할 신재생에너지의 공급이 늘어난 수요만큼 원활하지는 않는다는 데 문제가 있다. 신재생에너지는 정유공장이나 석탄 화력발전소처럼 우리의 계획대로 필요한 만큼 공급할 수 있는 것이 아니라 불행하게도 자연의 조건에 달려 있다. 우리가 어찌할 수 없는 것에 크게 의존한다. 태양전지는 태양 빛이 필요하고, 풍력은 양질의 바람이 필요하다. 누가 이것을 마음대로 조절할 수 있나? 게다가 신재생에너지의 치명적인 단점은 간헐성이다. 햇빛은 낮에만 있고(흐린 날, 비오는 날은 전기 생산이 안 된다), 바람은 하루 종일 일정하게 불어오지도 않고, 언제 바람이 불지도 모른다. 그래서 이런 간헐성 문제를 해결하려면 신재생에너지는 요구되는 전기 수요의 몇 배나 큰 설비가 필요하다. 예를 들면 태양 전지의 가동시간이 하루 중 8시간이라고 하면, 전기 수요는 24시간 필요하므로 필요 전기의 3배의 전기를 생산하는 태양전지판을 설치해야 한다. 그리고 밤에도 전기를 공급해야 하기 때문에 낮에 생산된 전기를 저장하는 값 비싼 전기저장시스템(ESS)이 추가로 필요하다. 또 하나 문제는 신재생에너지는 대부분 설비의 효율을 높이기 위해 자연조건이 좋은 장소에 설치된다. 태양전지는 그림자가 지지 않는 남향의 공터가 필요하고, 풍력은 일정한 바람을 얻기 유리한 해상에 설치하는 것이 효율적이

❖ 기후변화와 화석연료 ❖

다. 그러다 보니, 지역적으로 산재된 신재생에너지 발전소에서 대부분의 전기 수요가 있는 대도시나 공장으로 전기를 공급하는 송전선 건설이 또 다른 문제가 된다. 우리가 아는 화력발전소나 원자력 발전소는 규모의 경제 원리에 따라 대규모의 설비가 좁은 공간에 집약적으로 들어선다. 그리고 그곳에서 소비처까지는 고압의 송전선을 설치하면 된다. 그런데 신재생에너지는 원자력발전소나 화력발전소처럼 높은 출력을 가지는 전기를 생산하지 못한다. 그리고 기존의 화력발전소보다 규모가 작은 소형 발전소이며, 장소 또한 여기저기 흩어져 있다. 그런 이유로 신재생에너지발전소에서 수요처까지의 송전선을 설치하려면 여기저기 흩어진 장소에서 한곳으로 모으는 연결선도 많고, 게다가 수요처까지 거리도 멀기 때문에 기존의 화력발전소 송전선보다 설치비용이 많이 든다. 즉 경제적으로 보았을 때 신재생에너지는 아직은 화력발전보다 발전 비용이 높다고 할 수 있다. 물론 일부 지역에서는 화력발전 비용보다 낮은 비용으로 발전도 가능하지만 이는 극히 일부 지역에 해당한다(덴마크의 북해 풍력, 적도지방의 태양전지 발전). 이런 이유로 대부분의 사람들은 화석연료를 선호하는 것이다. 우리가 다가오는 기후변화를 막기 위해 이산화탄소 배출을 줄여야 하고, 신재생에너지 발전소를 늘려야 하는 것은 당연하다. 다만 우리의 희망대로 화석연료에서 신재생에너지로의 신속한 전환은 우리가 바라는 대로 빨리 진행되지 않는다는 점을 인식해야 한다는 것이다. 우리 속담에 '급하다고 바늘허리에 실을 매어서는 안 된다'는 말이 있다. 기후변화의 속도가 빠르다고 해도 우리가 서두를 수도 없는 상황이라는 것을 인식해야 한다. 에너지 전환은 빠른 시간에 해결되는 '임플란트' 과정이 아니라 장시간이 요구되는 '치열교정' 과정이다.

이제 우리는 지구온난화의 추세와 과학적 사실, 그리고 지구온난화의 주요 요인이 이산화탄소라는 것을 알게 되었다. 또한 이산화탄소를 많이 배출하는 산업이나 공정에 대해서도 알게 되었다. 그리고 이산화탄소를 줄이기 위해서 화석연료의 사용

3장. 화석연료와 기후변화

을 줄이는 것이 얼마나 어려운 현실인지, 신재생에너지 보급 속도가 기대만큼 빠르지 않는 이유 또한 알게 되었다.

기후변화와 화석연료와의 관계는 이렇듯 뗄 수 없는 관계이고, 기후변화를 지연하는 일이 우리 삶의 방식과 깊게 연결되어 있다. 그래서 이런 어려운 문제를 해결하는 길은 오로지 이산화탄소를 줄이는 새로운 기술개발에 있으며 이를 담당하는 공학자의 어깨에 달려 있다고 할 수 있다.

에듀컨텐츠 휴피아
CH Educontents Huepia

4장 결론

　미래의 기후변화를 예측할 수 있는 방법은 현재로서는 기후변화 모델밖에는 없다. 그런데 앞서 설명했듯이 기후변화 모델은 아직 완전하게 지구의 기후를 설명하지 못하고 있다. 즉 불확실성이 크다는 것이다. 그리고 기후관련 모델의 미래 기후 예측에서 가장 큰 쟁점은 아마도 기후변화 모델에서의 온도민감성일 것이다. 여기에서 이야기하는 온도민감성이란, 과거 산업혁명시절 이산화탄소 농도가 280ppm이었는데 앞으로 이산화탄소의 농도가 과거 농도의 2배인 560ppm에 도달하게 되면(현재는 대략 410ppm이다.) 지구의 온도는 얼마나 상승할 것인가를 의미한다. 현재 IPCC에서 발표하는 약 20~30개의 각기 다른 기후모델에서 예측하는 온도민감성의 범위는 1.5~4.5℃이다. 여러 기후모델에서 제시하는 미래 지구 온도 예측의 오차 범위가 다소 크다는 생각이 든다. 결국 현재의 기후모델의 불확실성이 크다는 이야기이기도 하다. 그럼에도 불구하고 우리가 기존의 기후모델에 의지할 수밖에 없는 이유는 미래를 예측할 수 있는 방법으로 현재의 지구과학 이론에 바탕을 둔 컴퓨터 모델이 유일한 수단이기 때문이다. 따라서 우리는 기후모델의 계산 결과를 바탕으로 미래를 준비해야 한다. 하지만 기후변화 모델의 핵심 쟁점은 온도민감성의 예측 값이다. 기후변화 옹호론을 주장하는 과학자들은 온도민감도 모델 예측 결과를 바탕으로 우리가 이산화탄소 배출을 급격하게 줄이는 행동을 바로 해야 한다는 것이다. 대

❖ **기후변화와 화석연료** ❖

략적으로 이야기하면 지구의 평균온도가 과거 산업혁명 시대보다 3℃ 이상으로 상승하면 지구는 되돌릴 수 없는 기후변화의 시대로 돌입한다는 것이다. 물론 이에 대한 확실한 과학적 근거는 없다. 다만 기후변화의 상승 속도가 너무 빠르기 때문에 지구의 생태계가 이런 급속한 변화에 적응하지 못하고 멸종에 가까운 상태가 될 것이라는 경고이다. 하지만 기후변화 회의론을 주장하는 과학자들은 IPCC가 발표하는 3℃의 온도 민감도는 너무 큰 값이고, 실제로 자신들의 모델 결과는 대략 1.5℃ 정도가 될 것이라고 주장한다. 즉 논쟁의 쟁점은 지금의 컴퓨터 모델이 온도민감도의 예측 범위에 대해 여러 다른 의견이 존재하고 있다는 점이다. 그리고 그런 우려는 지극히 합리적이라고 생각한다. 기후변화 모델의 불확실성에 대해서는 앞서 소개한 쿠닌 교수의 책 'unsettled'가 가장 자세하고 정확하게 모델의 문제점을 설명하고 있다. 쿠닌 교수는 이론 물리학자이며, 컴퓨터 모델에 대한 많은 경험을 쌓은 최고의 전문가이기 때문에 그의 주장은 매우 타당해 보인다. 그럼에도 불구하고 옹호론을 주장하는 과학자들은 기후모델이 점차 개선되고 있으며, 모델에서 예측이 어려운 되먹임이나 초기 조건의 변수들이 좀 더 정확한 물리적 값으로 사용이 되고 있다는 점을 들어서 이런 주장을 반격한다. 하지만 회의론을 주장하는 과학자들은 기후모델에서는 자의적으로 변수의 임의적인 조정이 가능하기 때문에 기후변화 옹호론을 주장하는 과학자들의 주장에 맞게 모델의 변수들의 값을 수정하고 있다고 주장하고 있다. 이 문제는 조만간 컴퓨터의 성능 개선과 기후변화의 여러 요인들이 구체적으로 밝혀질수록 정확한 미래의 기후변화를 예측하는 도구로 확실하게 자리를 잡을 것이다.

　두 번째 쟁점은 기후변화 되먹임(positive feedback, negative feedback)을 어떻게 지구의 온도 변화와 정량적으로 계산할 것인가 하는 것이다. 기후변화 되먹임의 가장 대표적인 것은 대기의 수증기 농도, 구름의 양, 북극 빙하의 용융, 미세입자의 분포, 그리고 해류가 있다. 이런 요인들은 이산화탄소의 증가에 따른 지구온난화의 상태를 더욱 가속시키거나 완화시키는 작용을 한다. 다양한 형태의 되먹임에 영

4장. 결론

향을 주는 요인들의 대략적인 영향은 과학적으로 밝혀졌지만, 과연 어느 정도까지 지구온난화에 영향을 주는지는 아직 자세히 모른다. 즉 지구의 온도 상승에 어느 정도로 정량적인 영향을 미치는지는 잘 모른다는 것이다. 여기서의 쟁점은, 옹호론을 주장하는 과학자들은 대부분의 되먹임 요인들이 지구온난화를 가속시키는 방향으로 영향을 준다고 주장을 하고, 반대로 회의론을 주장하는 과학자들은 이런 요인들이 지구온난화를 완화하는 방향으로 영향을 준다고 주장하는 것이다. 앞서 이야기했듯이 되먹임에 대한 정량적인 연구결과가 아직 없기 때문에 누구의 주장이 옳은지 판단하기는 어렵다. 이와 관련하여 한 가지 흥미 있는 주장은 MIT 지구과학과 교수였던 젠슨 교수의 '홍체 이론'이다. 우리 눈이 어두운 곳에 있다가 밝은 곳으로 나오면 눈의 조리개가 닫히면서 적은 빛을 흡수하는 것처럼, 지구 또한 온도가 올라가면 지구는 온도를 낮추기 위해 높은 고도에서 만들어지는 구름의 양을 감소시키는 방향으로 기상이 바뀐다는 것이다. 그래서 높은 고도의 구름이 감소하면서 우주로 방출하는 지구의 복사량이 증가하고, 이에 따라 지구의 온도가 낮아진다는 것이다. 앞서 낮은 고도의 구름은 태양 빛을 반사하고, 높은 고도의 구름은 지구의 복사량을 감소시킨다고 설명했다. 따라서 높은 고도의 구름이 적어지면, 지구가 우주로 방출하는 복사량이 증가하면서 지구의 온도는 낮아지게 된다. 지구의 복원력을 설명하는 매우 그럴듯한 이론이다. 하지만 어느 정도로, 어느 시기에 그런 현상이 일어날지는 아무도 모른다. 물론 회의론을 주장하는 과학자들에게 매우 좋은 위안이 되는 이론이기는 하다. 우리가 인간의 회복력을 믿는 것처럼 지구의 복원력을 믿을 수는 있지만, 과연 어느 정도로 지구의 온도가 올라갔을 때 지구가 복원력을 발휘할지는 확신할 수 없다. 또는 지구가 복원력을 발휘하기도 전에 일부 과학자들이 이야기하는 임계점, 또는 티핑 포인트를 지날지도 모른다는 걱정 또한 있다. 구름의 되먹임 문제는 이런 정도에서 마치고, 다른 되먹임에 대해서도 알아보자.

❖ **기후변화와 화석연료** ❖

  수증기는 대표적인 온실가스라고 이미 설명했다. 그래서 지구의 온도가 올라가면 해양과 호수, 육지에서 증발하는 수증기의 양이 증가하는 것은 자명한 일이다. 즉 대기권에 수증기의 양이 증가하면 이산화탄소 외에 또 다른 강력한 온실가스가 증가한 것이기 때문에 지구의 온난화는 가속이 될 것으로 예상한다. 하지만 수증기는 대부분의 경우 다시 구름을 거쳐 해양과 육지에 비를 뿌린다. 이런 강우 작용은 단지 수증기의 순환과정뿐만 아니라 지구의 온도를 낮추는 냉각작용도 하기 때문에 강우가 많을수록 지구의 온도는 낮아질 것이다. 물론 강우량이 많아지면 도시와 시골에 물난리로 인한 큰 피해를 가져올 수 있지만, 지구온난화의 측면에서는 온난화를 완화하는 작용을 한다고 볼 수 있다. 하지만 지구의 온도가 올라가면서 수증기의 양이 증가하면 대기에 존재하는 수증기가 비록 짧은 체류 시간을 가질지라도 온실가스 역할을 하기 때문에 비가 내리지 않은 지역은 수증기에 의한 되먹임으로 인하여 온도가 상승할 것으로 예상된다.

  또 다른 되먹임의 요인은 해류와 해양의 영향이다. 우선 해류의 영향은 대표적으로 엘리뇨와 라니냐가 있다. 이것은 해류의 비정상적인 활동으로 인하여 해안 지역에 폭염과 혹한을 가져오는 기상현상이라고 할 수 있다. 아직까지 이런 해류의 활동이 지구온난화와 어떤 관계가 있는지는 잘 알려져 있지 않지만 이런 해류의 활동이 지구온난화와 만나면 기상이변이 더욱 가속되거나 완화될 수는 있다. 엘리뇨와 라니냐가 일으키는 기상 이변은 인근 지역에 큰 피해를 주고 있기 때문에 이런 피해를 최소화하는 방법은 엘리뇨와 라니냐 발생 시기를 정확히 예측하고 이에 대한 대비를 하는 것이다. 그런데 문제는 그것이 발생하는 주기가 일정하지 않다는 것이다. 엘리뇨와 라니냐는 대략 2~7년 주기로 발생하고, 한 번 발생하면 대략 9~12개월 정도 지속된다고 한다. 게다가 엘리뇨와 라니냐는 순차적으로 발생이 된다고 알려져 있다. 하지만 최근에는 이런 통계자료를 무색하게 하는 현상이 벌어지고 있다는 것이다. 만약 지구온난화가 원인이라면 엘리뇨와 라니냐의 발생 주기는 점점 빨라져야 한다.

4장. 결론

왜냐하면 지구온난화는 이산화탄소 농도 증가와 비례하여 지속적으로 증가했기 때문이다. 하지만 엘리뇨와 라니냐의 발생 주기는 아직 예측이 어렵고, 최근에는 엘리뇨와 라니냐의 주기적인 순차적 발생도 이루어지지 않는 것으로 알려졌다. 그래서 지구온난화가 엘리뇨와 라니냐에 특별한 영향을 준다고 보기는 어렵다고 할 수 있다.

마찬가지로 해양은 잘 알다시피 지구의 온도를 조절하는 온도 조절기 역할을 하며, 지구의 열을 대부분 흡수하고 있다. 아울러 거대한 이산화탄소의 저장소이기도 하다. 따라서 지구의 온난화가 가속될수록 해양과의 상대적인 상호 작용은 매우 중요한 사항이 될 것이다. 하지만 해양이 어떤 방식으로 반응을 하고, 이것이 지구온난화에 어떤 영향을 줄지는 아직까지 확실하게 밝혀진 것은 없다. 따라서 옹호론을 주장하는 과학자들이나 회의론을 주장하는 과학자들은 자신들의 주장에 맞는 특정한 현상만을 언급하고 있는 것이 지금의 현실이다. 확실하고도 분명한 과학적 분석이 이루어지지 않은 상태에서 특정한 현상을 여러 가지 추론으로 설명하는 것은 결국 대중들에게 혼란만 가중시키는 것이다. 지나치게 진영 논리에 따라 현상을 자기 입맛대로 주장하는 것은 이제는 멈추어야 한다. 분명하게 밝혀진 사실과 아직 예측이나 추론의 단계에 있는 현상은 솔직하게 밝혀야 한다. 그래야 대중이나 언론 보도자들에게 정확한 정보가 제공된다. 해양과 관련하여 정보의 혼란을 가져오는 것은 해양이 과학적인 탐색에 너무 큰 물리적 대상물이기 때문이다. 즉 해양의 특성을 보여주는 대표적인 지역을 선정하고, 계절별에 따른 특성을 연구하는 것은 불확실성과 어려움이 많은 작업이기 때문이다. 하지만 기후변화와의 연관성을 고려하여 해양 연구에 대한 중요성이 매우 높아지면서 최근의 지속적이고 집중적인 연구를 바탕으로 해양이 기후변화에 미치는 영향이 조만간 어느 정도는 밝혀질 것으로 예상한다.

마지막으로, 기후변화 옹호론을 주장하는 과학자들이 가장 대표적으로 염려하는 것이 바로 극심한 이상기후이다. 즉 홍수, 집중호우, 산불, 고온, 가뭄, 강력한 허리케인 등이다. 미래에 예측되는 이런 이상기후의 여러 현상들은 대다수의 대중들을

❖ **기후변화와 화석연료** ❖

두려움에 떨게 하고, 특히 어린 청소년들에게 암울한 미래에 대한 우울증을 갖게 한다. 회의론을 주장하는 과학자들은 지난 과거의 기후 관련 자료를 보았을 때, 허리케인이나 산불, 홍수는 지구온난화와 연관성이 매우 적다는 IPCC 자료를 증거로 제시한다. 해수면 상승은 기후변화 옹호론 과학자들의 단골 메뉴이다. 하지만 해수면 상승 또한 어떤 지역을 기준으로 할 것이며, 단지 해양의 온도 증가와 빙하의 용융 이외에도 해수면 상승을 발생시키는 여러 지리적 요인들이 존재하기 때문에 지구온난화가 어느 정도 해수면을 상승시키는 결과를 가져오는지에 대해서는 논쟁이 존재한다. 그리고 해수면 상승을 측정하는 방법론에도 불확실성이 존재한다. 한때 세상의 주목을 받았던 태평양의 섬나라 투발루는 과거보다 크게 주목을 받지 못하고 있다. 이유는 과거 호들갑스러운 예측만큼 해수면이 더 이상 상승하지 않았기 때문이다. 게다가 해수면 상승의 원인이 해양판 침강, 인근 화산 침강, 산호초 성장 속도 변화 등이라는 설명이 제시됨으로서 지구온난화에 의한 해수면 상승이라는 주장은 많이 퇴색이 되었다. 이처럼 지구온난화에 따른 기후변화에는 다양한 현상들이 숨어있고, 이런 현상들에 대한 분명하고도 정확한 원인이나 그 영향에 대한 정량적인 자료가 부족하기 때문에 논쟁이 발생하고, 쟁점으로 부각이 되는 것이다. 따라서 이 시점에서 우리가 기억해야 할 것은 지구온난화로 지구의 온도가 상승하고, 이로 인한 기후변화는 피할 수 없는 상황이지만, 과연 우리가 우려하고, 두려워할 만한 상황인지에 대해서는 아직 잘 모른다는 것이다. 앞서 언급한 몇 가지 기후변화 관련 쟁점은 시간이 지남에 따라 그 원인과 영향이 점점 더 정확하고 분명하게 밝혀질 것이다. 그리고 이에 대한 다양한 대비책이 제안될 것이다. 따라서 우리는 기후변화의 여러 가능성을 염두에 두고 지나치게 두려워하지 말고, 차분하게 기후변화를 늦추는 일에 적극적으로 참여하고 일상에서 실천을 해야 한다.

앞서 언급한 쟁점들과는 별개로 지구온난화와 기후변화와 관련하여 정책이나 경

4장. 결론

제적 측면에서 쟁점을 가지는 부분이 있다.

  첫째로는 이산화탄소를 줄이는 방법에 대한 논쟁이다. 많은 전문가들은 화석연료 사용을 당장 중단하고 대신 태양광과 풍력 같은 신재생에너지로의 전환을 주장한다. 그리고 기술의 발달로 풍력과 태양전지의 효율이 획기적으로 높아지고 제조 원가도 비약적으로 감소했기 때문에 경제성이 있는 선택이라고 주장한다. 하지만 이에 대한 반대 의견은 화석연료의 급격한 사용금지는 사회 인프라와 화석연료 산업에 미치는 충격이 너무 크기 때문에 경제적 측면에서 바람직하지 않다고 말한다. 아울러, 태양전지와 풍력발전의 단점을 지적하면서 오히려 탄소저장이나 원자력 발전을 대안으로 제시한다. 따라서 이산화탄소를 절감하는 여러 기술에서 어떤 기술이나 정책을 선택할 것인가는 당연히 경제적, 기술적, 그리고 환경적 측면을 고려하여 결정이 될 것이고, 각 나라의 상황에 맞추어서 결정이 될 것이다. 최근의 추세를 보면 태양전지와 풍력발전이 가장 크게 보급률이 성장하는 분야이기는 하지만, 과연 신재생에너지만으로 기존의 화석연료의 에너지 공급을 충당할지는 아직은 미지수라고 할 수 있다. 비록 생산원가가 낮아지고 효율은 올라갔지만 그럼에도 불구하고 발전의 간헐성(날씨에 영향을 받는 부분은 기술적으로 해결책이 없다), 그리고 전력 계통선과의 연결의 어려움(거리, 전기 품질, 송전손실), 저장의 어려움(아직도 높은 배터리 가격)이 문제점으로 남아있기 때문이다. 원자력 발전의 경우, 과거의 원자력 발전소 사고의 경험을 잘 인식하고 문제점을 충분히 분석했기 때문에 최근에는 안전에 관련된 다양한 기술개발로 과거와 같은 원자력 발전소 위험 요인은 대부분 해결했다고 할 수 있다. 다만 안전에 집중하다 보니 발전단가가 높아지는 문제가 있는데, 이 또한 조만간 기술발전으로 해결될 것이라고 생각된다. 다만 원자력 발전이 과거와는 다르게 다양한 안전기술과 소규모 발전 규모로 과거와는 비교할 수 없는 안전과 효율을 갖추었지만, 여전히 대중의 불안한 심리가 보급 확장에 걸림돌이 되고 있다. 원자력에 대한 대중의 부정적인 이미지는 과학적이고 합리적인 홍보를 통해서 극복되어야 할 것이

❖ **기후변화와 화석연료** ❖

다. 그리고 배출되는 이산화탄소를 포집하여 매립하거나 다른 유용한 화합물로 바꾸는 이산화탄소 저장 및 활용(CCS, CCU) 분야 또한 경제성 부족이라는 문제가 있다. 즉 발전소 굴뚝이나 공장 굴뚝에서 배출되는 이산화탄소를 포함하는 배기가스에서 이산화탄소만을 선택적으로 분리하는 기술은 이미 화학공학에서 오래전부터 사용해 온 기술이라서 기술적인 어려움은 없지만 이산화탄소의 선택적 분리에 사용되는 용매의 가격이 비싸고, 발전소나 공장의 굴뚝에서 배출되는 배기가스의 양이 매우 많다 보니, 배기가스에서 용매를 이용하여 이산화탄소를 분리하는 장치의 규모 또한 비례적으로 크기 때문에 경제성이 부족하다는 것이다. 그런데 만약 이산화탄소의 저장이나 재사용 기술이 잘 개발이 되어 실용화가 된다면 이는 화석연료를 사용하는 산업에 면죄부를 주는 꼴이라 화석연료의 사용 감축은 물 건너갈 것이고, 이것은 화석연료를 지속적으로 사용할 수 있게 만드는 정책이라는 사회적 비난을 면치 못할 것이다. 왜냐하면 우리는 기후변화와 상관없이 화석연료를 대신하는 새로운 에너지원이 필요하기 때문이다. 이런 다양한 경제적, 환경적 관점에서 보면 지구온난화와 에너지 문제는 단순히 새로운 에너지원을 확보하는 것만은 아니라는 것을 알 수 있다.

또 다른 논쟁은 기후변화 적응이다. 어찌 보면 가장 단순한 대책이지만 여기에는 경제적 분석이 뒤따라야 한다. 지구온난화 그리고 기후변화와 관련하여 가장 일반적인 대책은 기후변화 완화와 기후변화 적응이다. 기후변화 완화조치란 화석연료 대신 신재생에너지나 원자력 발전, 그리고 이산화탄소 저장과 같이 온실가스의 배출을 줄여서 기후변화의 속도를 완화하자는 것이다. 이산화탄소의 배출이 줄어드는 방향으로 기술과 재원을 사용하자는 것이다. 한편 기후변화 적응은 급격한 신재생에너지의 사용이나 비용이 많이 드는 이산화탄소 저장에 재원을 쓰기보다는 미래의 기후변화에 예상되는 결과에 미리미리 대응할 수 있는 사회간접자본에 재원을 사용하자는 것이다. 해안가 정비, 저온 쉼터, 에어컨 보급, 농업 관계수로 정비, 식수 확보, 홍수대

4장. 결론

비 등등이다. 물론 이것이 화석연료를 지속적으로 사용하는 것을 전제로 하는 것은 아니고 화석연료의 급격한 사용금지는 경제적, 사회적 충격이 크기 때문에 서서히 사용을 줄이면서 대부분의 재원은 적응에 필요한 재원으로 사용하자는 것이다. 왜냐면 개발도상국은 신재생에너지나 원자력보다는 값이 싼 화석연료를 필요로 하기 때문이다. 이런 나라들은 교육, 보건위생, 식수, 전기 인프라에 필요한 에너지원을 화석연료에서 얻는 것이 경제적이기 때문이다. 이런 국가들이 기본적인 생활에서 에너지 부족이 없는 상태로 발전한 후에 화석연료의 사용을 급격히 줄이는 것이 바람직하다는 생각이다.

현재까지 기후변화를 완화하기 위한 다양한 기술적 제안이나 기술개발이 이루어지고 있으나, 현실적으로 실행이 되지 못하고 있는 가장 큰 요인은 경제성이다. 물론 여러 가지 경제적 인센티브를 가져오는 정책들(탄소세, 이산화탄소 배출 거래제, 발전차액보전제도, 신재생에너지 강제 구매 제도 등)도 있지만, 경제적 정책은 필연적으로 어느 한쪽만이 경제적 이득을 보기 때문에 모든 사람이 동의하기는 어렵다. 그래서 이런 경제적 정책 또한 모든 나라에서 제대로 실행되지는 못하고 있는 실정이다.

필자들은 공학자로서 공학적 해결책에 집중을 하고 이에 대한 의견을 피력하고자 한다. 우선 지구온난화를 완화하는 획기적인 방법은 화석연료를 포기하지 않는 한 없다고 본다. 하지만 화석연료의 포기는 지금 우리가 누리는 삶의 일상을 포기하는 것과 같은 이야기다. 따라서 화석연료 사용을 서서히 줄이면서 새로운 에너지 시스템의 개발에 힘써야 하다고 생각한다. 우리가 현재 할 수 있는 모든 기술적 방안을 이산화탄소의 감축에 집중해야 한다. 가장 손쉬운 방법은 에너지 절약이다. 한 집 한 등 끄기 같은 일회성 행사를 말하는 것이 아니다. 화석연료로 출발하는 에어컨, 모터, 발전기, 조명기기 및 각종 동력기의 효율을 높이는 기술개발에 집중하는 것이다.

❖ **기후변화와 화석연료** ❖

동력기기의 효율향상은 화석연료의 절약을 의미하기 때문에 실제적으로 매우 효율적인 방안이다. 둘째로 전기를 생산하는 화력발전소의 발전 효율 향상이다. IGCC 또는 초임계 발전을 통하여 발전 효율을 5~10% 높이면 화석연료를 5~10% 절약하는 효과를 가져오게 된다. 세 번째는 태양전기와 풍력발전의 효율 향상이다. 태양전지와 풍력발전은 급속한 기술발전을 가져오고 있지만, 아직도 효율을 높일 여지는 많다고 본다. 특히 태양전지의 경우 새로운 소재, 새로운 제조 공정으로 효율을 향상시켜야 한다. 네 번째로는 이산화탄소의 배출을 줄이는 이산화탄소 포집 및 재활용 기술을 개발하여야 한다. 현재 시험적인 프로젝트의 결과로 볼 때는 경제성이 확보되지 않는 것으로 예상이 되나, 꾸준한 연구로 비용을 낮추는 연구개발이 필요할 것이다. 다섯 번째로는 새로운 에너지 시스템의 개발이다. 여기에는 수소에너지, 수소연료전지, 배터리. 그리고 에너지 저장 장치가 있다. 새로운 에너지 시스템은 다소 생소한 개념이기에 실생활에 적용되기에는 시간이 필요하겠지만, 기후변화와 관련하여 반드시 실용화를 해야 하는 연구이다. 마지막으로 새로운 개념의 원자력 발전이다. 원자력 발전은 원자폭탄과 연관하여 공포를 느끼게 하는 이미지가 있지만 실상은 다르다, 이산화탄소의 절감이라는 문제의 해결책으로 원자력 발전이 가장 효과적이라는 평가가 최근에 많이 발표되고 있다. 최근의 원자력 발전은 소형 모듈 원자력 발전으로 기존 원자력이 가지고 있는 문제점을 대부분 해결한 새로운 개념의 원자력 발전이다. 소형이고 안정하고 효율적이다.

기후변화의 위협이 심각할수록 공학적 해결방안 또한 적극적으로 추진되어야 한다. 앞서 이야기한 모든 종류의 해결방안이 동시에, 전 세계적으로 실행이 되어야 한다. 어떤 한 가지 기술만으로 기후변화를 완화할 수는 없다. 기후변화를 막는 요술방망이는 없다. 모든 수단을 다 사용해야 한다.

4장. 결론

 지구온난화와 그에 따르는 기후변화는 궁극적으로 과학과 공학의 노력으로 해결될 수 있는 문제이고 해결해야만 하는 문제이다. 환경을 둘러싼 여러 가지 정치적, 정략적 주장이나 국제협약 같은 보여주기 방법으로는 결코 해결될 수 없다. 그동안 과학과 공학은 인류가 오랫동안 견디면서 살아온 비참한 생활조건을 탈출할 수 있도록 식량, 질병, 안전, 주거 문제를 실제적으로 해결했듯이 기후변화 또한 과학자들의 집요한 연구와 공학자들의 창의적인 아이디어로 해결할 것으로 믿는다. 우리가 처음으로 겪는 전 지구적 도전에 대하여 과학자와 공학자들이 실천적 해법을 찾는 과정에서 정치와 경제, 그리고 사회가 도움을 주어야 한다. 사회는 과학자와 공학자가 자신의 능력을 최대한 발휘하여 자신들의 소명인 인류의 삶의 질 개선에 힘쓰도록 지원을 아끼지 말아야 한다. 그것은 과학자와 공학자가 훌륭한 사람이어서가 아니라, 그래야만 지구를 좀 더 살기 좋은 환경으로 만들 수 있기 때문이다.

 앞으로 지구의 기온은 점점 더 올라갈 것이고 기후는 지금보다 나쁜 방향으로 진행이 될 가능성은 높다. 어떤 속도로 진행이 될지는 아직은 모르지만 어쨌든 우리는 이에 대비를 해야 한다. 방법과 비용 측면에서 여러 의견이 있을 수 있겠지만, 우리가 일상에서 하나씩 기후변화를 막으려는 사소한 행동 하나라도 실천을 하면, 이런 소소한 행동은 사회 전체에 영향을 미치게 될 것이다. 그리하면 특히 대중의 의견과 행동에 예민한 정치인, 기업인에게 올바른 정책과 올바른 실천을 강요하는 압력으로 작용하여 구체적인 입법과 실천이 이루어질 것으로 생각한다. 대중교통 이용, 걷기, 쓰레기 줄이기, 에너지 절약 등 소소한 일상의 행동 모두는 지구의 기후변화를 막는 중요한 첫걸음이 되는 것이다.

 우리는 지구의 온난화를 분명한 사실로 받아들여야 한다. 미래의 기후 또한 변화할 것이다. 하지만 어느 정도로 심각하게 기후가 변화할지에 대해서는 아직 모르는

❖ **기후변화와 화석연료** ❖

것이 많다는 점 또한 받아들여야 한다. 그리고 가능한 화석연료의 사용을 줄이고, 화석연료에서 신재생에너지로의 전환을 비가역적으로, 꾸준하게 진행하여야 한다. 이것이 지금 지구온난화가 우리에게 요구하고 있는 것이다.

기후변화와 화석연료

초판 1쇄 발행 2025년 4월 25일

저　　자	한귀영 / 채희엽 공저
발 행 처	도서출판 에듀컨텐츠휴피아
발 행 인	李 相 烈
등록번호	제2017-000042호 (2002년 1월 9일 신고등록)
주　　소	서울 광진구 자양로 28길 98, 동양빌딩
전　　화	(02) 443-6366
팩　　스	(02) 443-6376
e-mail	iknowledge@naver.com
web	http://cafe.naver.com/eduhuepia

만든사람들 | 기획·김수아 / 책임편집·이진훈 하지수 정민경 박정현
　　　　　　디자인·유충현 / 영업·이순우

ISBN　|　978-89-6356-494-4 (93530)

정　가　|　17,000원

ⓒ 2025, 한귀영, 채희엽, 도서출판 에듀컨텐츠휴피아

> 이 책은 저작권법에 따라 보호받는 저작물이므로 무단전재와 무단복제를 금지하며, 책 내용의 전부 또는 일부를 이용하려면 반드시 저작권자 및 도서출판 에듀컨텐츠휴피아의 서면 동의를 받아야 합니다.

에듀콘텐츠·휴피아
CH Educontents·Huepia